吃美味和吃营养

杨桃美食编辑部 主编

江苏凤凰科学技术出版社 凤凰含章

图书在版编目（CIP）数据

吃美味和吃营养 / 杨桃美食编辑部主编 . -- 南京：江苏凤凰科学技术出版社，2016.7

（含章·I厨房系列）

ISBN 978-7-5537-5678-3

Ⅰ . ①吃… Ⅱ . ①杨… Ⅲ . ①保健 – 食谱 Ⅳ . ① TS972.161

中国版本图书馆 CIP 数据核字 (2015) 第 266325 号

吃美味和吃营养

主　　编	杨桃美食编辑部
责任编辑	张远文　葛　昀
责任监制	曹叶平　方　晨
出版发行	凤凰出版传媒股份有限公司 江苏凤凰科学技术出版社
出版社地址	南京市湖南路 1 号 A 楼，邮编：210009
出版社网址	http://www.pspress.cn
经　　销	凤凰出版传媒股份有限公司
印　　刷	北京旭丰源印刷技术有限公司
开　　本	718mm × 1000mm　1/16
印　　张	14
字　　数	150 000
版　　次	2016年7月第1版
印　　次	2016年7月第1次印刷
标准书号	ISBN 978-7-5537-5678-3
定　　价	39.80元

幸福从吃开始

一个人钟爱美食，不仅仅只是满足自己的口腹之欲，更多的是迷恋美食带来的的温暖。美味的食物，能让人心灵得到慰藉。比如独自一人加班至深夜，下班遇到一家小店还开着灯，也没什么客人，做的东西又还不错，那种体验就会非常愉快。

下班回家看见那桌香喷喷的饭菜，全身的疲劳与忧虑会烟消云散；寒冷的冬天，望着那碗冒着热气的鸡汤，冬天的寒冷突然变得温暖；肚子饿得闹革命的时候，吃着心爱的食物，瞬间觉得世界很美好，美好得令人忘记了一切烦恼。美食就是这么有治愈力，能惊艳舌尖，安慰肚子，还能温暖灵魂。

让人难以割舍的辣酱，低卡鲜美的蘑菇，健康高纤的杂粮，滋养大补的美味汤，野生天然的蜂蜜，慢煮浓香的卤味……每一种食物都有一种让人欲罢不能的魅力。其实每一种食物背后都有一个不为人知的小秘密。这个小秘密组成部分除了食物的酸、甜、苦、辣、鲜、香等直接味觉体验外，更多的是混合着一种爱的滋味，比如初恋的滋味、家的滋味、妈妈的关爱、情人间的爱……爱一种食物很简单，除了味道，更多的是以一种怎样的心情以及与谁一起吃才是关键。

爱情与美食一样，需要用心去慢慢熬煮、经营，来不得半点懈怠与马虎，需要小心翼翼地照料，同样也需要时间和毅力。吃货们，赶快来主宰你爱的美食吧，做你想吃的，用美食传递爱，让你的她与他吃出幸福来。

目录

吃鲜美菌菇 做纤瘦美人

013 停不下来的美味　杏鲍菇炒肉末
014 一种简单的小心思　干煸杏鲍菇
017 黑白分明　黑木耳炒杏鲍菇
018 让味蕾与美食共舞　松露酱炒杏鲍菇
019 我的香菇小小酥　椒盐鲜香菇
021 白里透红，与众不同　鲜菇炒嫩鸡片
022 清淡就是福　葱爆香菇
023 让醋“吃”得更香　油醋鲜菇
025 我不是韩国制造　韩式金针菇煎饼
026 特别的比萨，送给特别的你　鲜菇烘蛋
028 吃出春天的滋味　松茸菇拌炒西蓝花
029 能吃的“美容品”　牛奶蘑菇汤
031 晶莹剔透的美味　蘑菇炒虾仁
032 名贵的滋味　松茸菇炒芦笋
033 丝丝有情　麻辣金针菇
034 给美食来一次聚会　什锦烩草菇
036 一青二白　菠菜炒金针菇
037 食物的“三角恋”　松子甜椒洋菇
038 给心灵来一次净化　素麻婆豆腐
040 让舌尖眷恋的餐前小菜　香蒜奶油蘑菇
041 你留恋的味道　珊瑚菇烩丝瓜
043 不能辜负的美味　蘑菇炒腊肠
044 绽放在舌尖的美味　芦笋烩珊瑚菇
046 百变滋味　糖醋珊瑚菇
047 堪比素斋的美食　泡菜烧鲜菇

049 清淡滋味　芦笋炒白灵菇

050 唤醒沉睡的活力　香蒜黑珍珠

051 保健小卫兵　绿芦笋炒雪白菇

052 健康养生好帮手　舞菇烩娃娃菜

054 料理中的“小家碧玉”　碧玉养生菇

055 肠道清洁能手　玉米笋炒百菇

057 粒粒皆辛苦　香菇素肉臊

058 让舌尖留恋的味道　豆浆炖菇

061 让沉睡的味蕾醒过来　干锅香菇豆腐煲

062 天然的胶原蛋白口服液　香菇参须炖鸡翅

063 老少皆宜的家庭靓汤　栗子冬菇鸡汤

064 补钙“口服液”　草菇排骨汤

067 引起舌尖无限遐想　野菜鲜蔬天妇罗

068 当营养邂逅美味　猪肚菇炖乌骨鸡

070 给生活加点“料”　杂菇养生饭

071 一口爽脆　豆酱美白菇

073 天下第一鲜　蛤蜊蒸鲜菇

074 最特别的小笼包　美玉香菇盒

075 素食也美味　养生什锦菇

076 白粥上的绚丽　香菇咸粥

077 一丝一清爽　凉拌三丝金针菇

078 圣女果的爱恋　西蓝花拌舞菇

079 粒粒皆有情　素香菇炸酱

080 蘑菇的西式吃法　奶油野菇焗饭

082 夏天的味道　金针菇炒黄瓜

083 鸡柳的香菇情　香菇炒鸡柳

085 麻辣一锅香　干锅柳松菇

086 辣得就是够味　香辣菇

089 菇菇的盛宴　寿喜鲜菇

090 被面粉包围的滋味　炸香菇

091 一卷不成春　香菇炸春卷

092 美味“黄金片”　酥扬杏鲍菇

093 甜蜜蜜，吃得很甜蜜　蜜汁烤杏鲍菇

094 盛开在餐桌上的金色珊瑚　酥炸金针菇

096 怎一个鲜字了得　蛤蜊蒸菇

097 陪伴才是最长情的告白　肉酱蒸菇

099 与舌尖藕断丝连　茄汁肉酱焗烤杏鲍菇

高纤五谷杂粮让你健健康康

103 我为健康代言　五谷胚芽饭

104 最佳瘦身主食　五谷饭

105 锁住你的胃　坚果黑豆饭

106 不能说的八宝秘密　八宝养生饭

107 饭桌上的完美组合　牛蒡芝麻饭

108 红豆的一番美意　红豆薏仁饭

109 清热降火好帮手　绿豆薏仁

110 红枣桂圆的珍贵　桂圆红枣饭

111 小粥蕴含大健康　小米粥

112 保健功效绝不粗糙　糙米饭

113 天然降血压剂　荞麦红枣饭

114 流落于饭中的珍珠　栗子薏仁饭

115 黑得有特色　黑豆发芽米饭

116 粗“杂”淡饭　坚果杂粮饭

117 红豆最相思　红豆饭

118 大红大紫的神秘　紫米红豆饭

119 藏在地下的健康　芋头地瓜饭

120 与舌尖共舞　活力蔬菜饭

121 我是一碗美容饭　燕麦小米饭

122 就爱田园饭　黄豆糙米菜饭

123 最强清热解毒饭　百合柿干饭

124 莲子与百合的百年好合　莲子百合饭

125 麦片独爱长糯米　麦片饭

126 吃出白里透红的肌肤　花生黑枣饭

127 五谷的激动 排肉五谷米饭
128 春天的华尔兹 茶油香椿饭
129 饭包不住的虾尾 鲜虾杂粮饭团
130 过个丰盛的端午节 杂粮养生粽
132 黑豆无处可逃 五谷黑豆饭团
133 虾与肉混合的美味 什锦燕麦炒饭
134 团结一致 坚果米饭
135 坠入凡间的黑水晶块 紫米桂圆糕
136 犹抱豆皮半遮面 紫米豆皮寿司
137 被蛋卷 五谷蔬菜蛋卷
138 坠落石锅中的彩虹 五彩石锅拌饭
140 可以吃的美容品 薏仁美白粥
141 健身者最爱的比萨 杂粮烘蛋
142 豆腐的慕斯情结 荞麦吻仔鱼拌豆腐
144 抓得住的美丽 薏仁莲子凤爪汤
145 享受夏天的感觉 菜豆水果沙拉
147 元气大补汤 花生猪蹄汤
148 一点一滴的甜蜜 蜜黄豆
150 特别的存在 小米菠菜
151 片片有豆情 辣味菜豆拌肉片
153 此汤最相思 红豆汤
154 夏季消暑靓汤 绿豆汤
156 私人定制时光 麻糬红豆汤
157 专“薯”黑豆的美味 黑豆红薯甜汤
159 最佳亲民补品 原味豆浆
160 青豆之吻 青豆吻鱼酥
161 可以吃的“养发剂” 豆浆芝麻糊
162 平凡中的美味 八宝粥
163 任性的滋味 薏仁炒虾仁
164 清爽香怡 桂花绿豆蒸莲藕
165 黑色甜蜜 蜜黑豆
166 秋冬滋补养生汤 山药薏仁炖排骨
167 绿豆的另一种味道——绿豆仁汤
168 餐桌上的红牛 银耳菜豆汤
169 午后解馋零食 杂粮南瓜沙拉球

滋养元气
食谱大公开

173 身体保健密码　香油腰花
174 一盘蟹，顶桌菜　香油煎花蟹
177 天然维生素丸　栗子红枣炖肉
178 好肌肤是吃出来的　珍素燕窝
180 莲藕与排骨的藕断丝连　排骨莲根
181 滋补的液体蛋糕　酒酿蛋
182 更年轻的秘诀　玫瑰鸡汤
183 简简单单抓住你的胃　香油蛋包汤
185 理想的进补料理　清炖羊肉
186 唇齿留香　桂花虾
188 不能辜负的美意　水漾芙蓉
189 念念不忘的味道　姜丝枸杞南瓜
191 蒸出来的鲜香　蒜蒸鸡
192 暖胃滋养饭　香油鸡糯米饭
195 藏在猪肚里的美味　布袋羊肉
196 清清淡淡的营养　蔬食豆腐煲
197 冬天的温暖　烧酒鸡
198 养颜圣品　人参红枣鸡粥
199 送给女人的健康礼物　参芪乌骨鸡汤
200 吃出好气色　四物鸡汤
201 安神益气养颜　枸杞炖猪心
202 补补更健康　当归羊肉汤
203 四季皆宜　归芪炖排骨
205 暖暖的滋味　核桃栗子牛腩汤
206 比春天更有滋味　黄芪糖醋排骨
207 明目补血味鲜美　猪肝汤
209 滋补养身　香油鸡
210 温暖你的心　姜丝羊肉片汤
211 补肾强筋骨　红烧羊骨汤

附录

212 吃菇也要认识菇
214 常见菇类的挑选和料理前处理
215 特色菇类的挑选和料理前处理
216 菇类速配料理法
217 菇类料理美味 Q&A
218 常用五谷杂粮介绍
220 认识各色养生米
221 杂粮饭好吃秘诀
222 认识 20 种天然补益食材

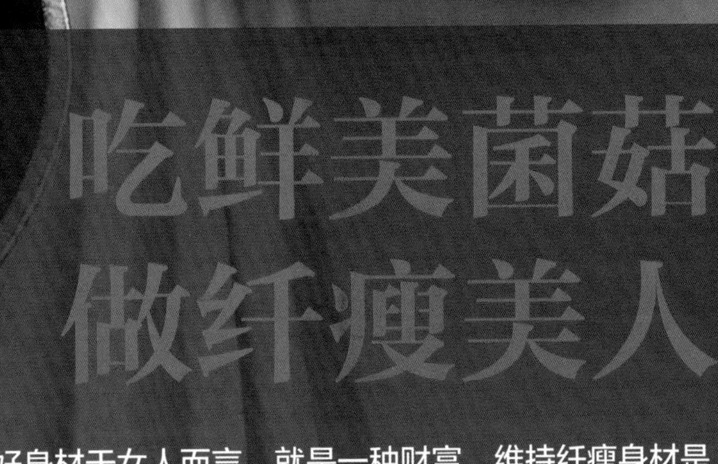

吃鲜美菌菇 做纤瘦美人

好身材于女人而言，就是一种财富。维持纤瘦身材是每个人女人的梦想，却因为贪吃阻挡了许多女人实现梦想。难道为了维持身材，真的要严格控制饮食吗？不然，吃对食物才是关键。本章介绍的鲜美菌菇类美食，不仅让人吃得营养而且吃得放心。菇类食品是当今社会较流行的高蛋白、低脂肪、富含多种天然维生素的独特食品， 能够有效刺激肠运动，促进机体排毒。

停不下来的美味

杏鲍菇炒肉末

杏鲍菇肉质丰厚，口感鲜嫩似鲍鱼，且具有独特的杏仁香味。将其切成丁状与猪绞肉搭配，刚好弥补了杏鲍菇肉质丰厚不易入味的弊端，同时又将杏鲍菇内的独特杏仁香味烹饪出来。此道菜味道清香，在葱碎的绿色点缀下，给人一种清新之感。吃腻了大鱼大肉的你，不妨给自己换个口味吧！

材料 Ingredient

杏鲍菇	200克
猪绞肉	200克
洋葱	1/2颗
青葱碎	10克

调料 Seasoning

色拉油	1大匙
盐	少许
黑胡椒粉	少许
白胡椒粉	少许
酱油	1大匙
砂糖	1小匙
香油	少许
水	适量

做法 Recipe

1. 杏鲍菇洗净，切小丁；洋葱洗净切碎，备用。
2. 取一个炒锅，加入1大匙色拉油烧热，放入猪绞肉与做法1的杏鲍菇丁，以中火先炒香，再加入做法1的洋葱碎，以中火翻炒均匀。
3. 在做法2中加入其余调料，再炒至所有材料入味，且汤汁略收干。
4. 最后再加入青葱碎即可出锅。

小贴士 Tips

- 杏鲍菇较厚，本身不容易入味，在做这道料理时，要将杏鲍菇切成丁状，因为绞肉易熟，一起烹调时才容易入味，口感也比较好。想要做出杏鲍菇炒肉末的脆香味，葱末、酱油、香油作为辅助的调味剂是缺一不可的。

食材特点 Characteristics

杏鲍菇：又名刺芹侧耳，是一种集食用、药用于一体的珍稀食用菌。菌肉肥厚，质地脆嫩，特别是菌柄组织致密、结实、乳白，可全部食用，并且菌柄比菌盖更脆滑、爽口。它有着杏仁香味与鲍鱼的口感。不仅能辅助降血脂、降胆固醇，还能促进胃肠消化、增强机体免疫能力和预防心血管病。

一种简单的小心思

干煸杏鲍菇

杏鲍菇肉质肥厚，而且水分也比较少，很适合干煸。这道干煸杏鲍菇的做法很简单，只需将杏鲍菇干煸，再撒一些胡椒盐和孜然粉，就成了一道味道鲜美、嚼劲十足的家常菜。一种简单小心思，蕴含营养大美味。

材料 Ingredient

杏鲍菇	120克
蒜仁	10克

调料 Seasoning

橄榄油	2大匙
胡椒盐	1/4茶匙
孜然粉	1/2茶匙

做法 Recipe

1. 杏鲍菇洗净切直片；蒜仁洗净切末，备用。
2. 锅烧热，倒入橄榄油，放入杏鲍菇片，以小火煎至两面焦香。
3. 在做法2中加入蒜末炒香后，撒入胡椒盐及孜然粉，以小火炒匀即可。

小贴士 Tips

- 干煸杏鲍菇虽然是一道很纯粹的素菜，但其营养价值完全不输营养滋补类的菜肴，其口感也不逊于任何肉类料理。而且这道菜低脂肪、低热量，是爱美人士的好选择。如果想要这道菜味道鲜美，必须将杏鲍菇切直片，以便其入味。

食材特点 Characteristics

蒜仁：蒜仁有着浓烈的蒜辣气，味辛辣。有刺激性气味，可食用或供调味，亦可入药。因蒜仁具有杀菌，预防肿瘤和癌症，辅助降低血糖，预防糖尿病等功能，深受大众喜爱。大蒜里的某些成分有类似维生素E与维生素C的抗氧化作用，还能防衰老。

黑白分明

黑木耳炒杏鲍菇

白色的杏鲍菇与黑木耳相搭配，不论是从营养上，还是从色泽上来说，都是科学的。“黑白配”的完美组合，既能勾起人的无限食欲，又能满足人体的营养需求，让人在大快朵颐的同时，达到强身健体的功效。

材料 Ingredient

杏鲍菇	150克
黑木耳	100克
腊肉	50克
姜丝	5克

调料 Seasoning

色拉油	适量
和风柴鱼酱油	1.5大匙

做法 Recipe

1. 黑木耳切小片，放入沸水中氽烫20秒；腊肉切成薄片，放入沸水中氽烫30秒；杏鲍菇洗净切段后切厚片，备用。
2. 热锅，倒入色拉油，放入杏鲍菇片煎至上色，盛出备用。
3. 在做法2的锅中放入姜丝、腊肉片炒香，再放入黑木耳及和风柴鱼酱油炒入味。
4. 再将做法2的杏鲍菇片加入做法3中炒匀即可出锅食用。

小贴士 Tips

- 黑木耳为干货，所以在做这道菜的时候，应在锅里略煮一会，即用热水氽一下，让其断生，恢复其原有的鲜嫩。
- 这是一道快手家常菜，炒菜过程全部用大火，才能更美味。
- 因为腊肉有咸味，所以在炒这道菜时，盐要少放。

食材特点 Characteristics

黑木耳：一种味道鲜美、营养丰富的食用菌，含有丰富的蛋白质、铁、钙、维生素、粗纤维，其中蛋白质含量与肉类相当，还含有多种有益的氨基酸和微量元素，因此被称为“素中之王”。

腊肉：富含磷、钾、钠、脂肪、蛋白质和碳水化合物等。熏好的腊肉，表里一致，煮熟切成片，透明发亮，色泽鲜艳，黄里透红，吃起来味道醇香，肥不腻口，不仅风味独特，而且具有开胃、驱寒、消食等功效。

让味蕾与美食共舞

松露酱炒杏鲍菇

松露酱，被称为餐桌上的一枚黑色“钻石”，它有一种浓郁而独特的香味。用这种调味酱来佐餐，可以将杏鲍菇中原有的杏仁浓香以及类似鲍鱼鲜嫩的口感发挥得淋漓尽致，再加点白葡萄酒，香味更浓。夹上一块轻轻地送入嘴里，那浓郁的香气顿时会在味蕾上弥漫开来。

材料 Ingredient

杏鲍菇	150克
蒜仁	10克

调料 Seasoning

橄榄油	2大匙
松露酱	2大匙
白葡萄酒	2大匙
盐	1/4茶匙

做法 Recipe

1. 杏鲍菇洗净切片；蒜仁洗净切末，备用。
2. 热锅，倒入橄榄油，放入蒜末，以小火爆香。
3. 放入杏鲍菇煎至香味出来，加入松露酱、盐及白葡萄酒，以小火炒匀即可。

我的香菇小小酥

椒盐鲜香菇

椒盐鲜香菇虽然是油炸的，但吃起来一点也不油腻。营养丰富的香菇，一经油炸，除去了菇中多余的水分，外焦里嫩，恰到好处！那些想吃美味，又害怕油腻的“吃货”们，倒不妨尝试一下！

材料 Ingredient

鲜香菇	200克
葱	3根
红辣椒	2个
蒜仁	5颗

调料 Seasoning

盐	1/4茶匙
花生油	适量
淀粉	3大匙

做法 Recipe

1. 鲜香菇切小块后泡水约1分钟后洗净略沥干；葱、红辣椒、蒜仁切碎，备用。
2. 热油锅至约180℃，香菇撒上淀粉拍匀，放入油锅中，以大火炸约1分钟至表皮酥脆立即起锅，沥干油备用。
3. 做法2锅中留少许油，放入葱碎、蒜碎、辣椒碎以小火爆香，放入香菇、盐，以大火翻炒均匀即可。

白里透红，与众不同

鲜菇炒嫩鸡片

白色的鲜嫩鸡肉与白色的鲜香菇在红色的辣椒点缀下，呈现一幅“白里透红”的景象，让人垂涎欲滴。营养丰富、脂肪含量较少的鸡肉与鲜菇同炒，让这道色香味俱全的家常菜具有低热量之特色，深得减肥之人的喜爱。

材料 Ingredient

鲜香菇	5朵
鸡胸肉	1片
蒜仁	2颗
红辣椒	1个
青葱	2根

腌料 Marinade

淀粉	1小匙
香油	1小匙
盐	少许
白胡椒粉	少许
米酒	1小匙

调料 Seasoning

色拉油	1大匙
盐	少许
白胡椒粉	少许
香油	1小匙

做法 Recipe

1. 先将鲜香菇去蒂，再洗净切成片状；蒜仁、红辣椒、青葱都洗净切成片状，备用。
2. 鸡胸肉去骨洗净切小片状，放入腌料一起抓拌均匀，再放入沸水中氽烫过水，备用。
3. 取一个炒锅，先加入1大匙色拉油烧热，加入做法1、2的材料，以中火先爆香，再加入剩余调料一起翻炒均匀，炒至汤汁略收即可。

小贴士 Tips

- 如果香菇比较干净，则只需用清水冲净即可，这样可以保存香菇的鲜味。
- 把香菇泡在水里，用筷子轻轻敲打，会洗掉香菇上的泥沙而不损失香菇的鲜味。
- 将香菇放在冰箱里冷藏，可以避免香菇的营养流失。

食材特点 Characteristics

香菇：素有“山珍之王”之称，是一种高蛋白、低脂肪的营养保健食品，其富含B族维生素、铁、钾、维生素D，有提高食欲，辅助降低血脂等功效。

红辣椒：含丰富的维生素E、维生素C，此外还含有只有辣椒才有的辣椒素。其维生素C的含量在蔬菜中位居第一位。而在红、黄辣椒以及甜椒中，还含有一种辣椒红素，辣椒红素存在于辣椒皮，它的作用类似胡萝卜素，有很好的抗氧化作用。还具有健胃助消化、减肥美容等功效。

清淡就是福

葱爆香菇

葱爆香菇，一道简单清淡的料理。香菇与香葱在大火的爆炒下，香味充分弥散出来，不知不觉就俘获了人的味觉。相信就算是“肉食动物”，也会爱上这道纯素的料理。若能在炒菜的时候保持葱的脆性，绝对有嚼头，更能为此道菜增添一丝风味。清淡又不失美味，这才是美食的最高境界吧！

材料 Ingredient

鲜香菇　150克
青葱　100克

调料 Seasoning

油　适量
甜面酱　1小匙
酱油　1/2大匙
蚝油　1大匙
味醂　1大匙
水　1大匙

做法 Recipe

1. 鲜香菇洗净，表面划刀，切块状；青葱洗净，切5厘米长段；所有调料混合均匀，备用。
2. 热锅，倒入适量的油，放入鲜香菇煎至表面上色后取出，再放入青葱段炒香后取出，备用。
3. 做法1混合的调料倒入做法2锅中煮沸，再放入香菇充分炒至入味，再放入青葱段炒匀即可。

小贴士 Tips

- 香菇与木瓜搭配，具有降压之功效；与豆腐搭配，能健脾养胃，增加食欲；与薏仁搭配，可健脾利湿、化痰理气，是肝病及呼吸道疾病患者的理想食疗佳品。

让醋“吃”得更香

油醋鲜菇

都说女人爱“吃醋”，似乎醋应该很符合女人的胃口。这是一道改良菜，用西方的烹饪法来做中餐，因此味道非常独特。醋与香菇搭配出的美味，绝对是一次让你难以忘怀的“吃醋”经历。

材料 Ingredient

鲜香菇	200克
红甜椒	50克
黄甜椒	50克
洋葱	40克

调料 Seasoning

油	适量
白醋	3大匙
番茄酱	3大匙
水	2大匙
细砂糖	3大匙
水淀粉	1茶匙
淀粉	3大匙
香油	1茶匙

做法 Recipe

1. 鲜香菇泡水约1分钟后洗净略沥干；红、黄甜椒及洋葱洗净切小条，备用。
2. 热油锅至约180℃，鲜香菇沾上淀粉，放入油锅中，以大火炸约1分钟至表皮酥脆，立即起锅沥油。
3. 做法2锅中留少许油，以小火爆香洋葱及甜椒条，再加入白醋、番茄酱、水及细砂糖，以小火煮至沸腾。
4. 加入水淀粉勾薄芡，再放入香菇快速翻炒均匀，洒上香油即可。

小贴士 Tips

- 将材料中的菇类用少量的油干煸至酥脆，菇类的香气才会跑出来。

我不是韩国制造

韩式金针菇煎饼

韩式金针菇煎饼，听起来很新奇吧！这是一种新式比萨。对美味的追寻总能激发大脑的潜能，让其创造出一款又一款新奇的美味，或许这就是每一个吃货的本能。这道中国制造的“韩式料理”，一定会给你带来一次不同寻常的味觉体验。

材料 Ingredient

金针菇	50克
三色豆	150克
青葱	1根

调料 Seasoning

盐	少许
色拉油	少许
白胡椒粉	少许

面糊材料

面粉	1杯
水	2/3杯
淀粉	1大匙
鸡蛋	1个
韩式辣粉	1小匙

做法 Recipe

1. 金针菇去蒂，再洗净切成小段状；三色豆洗净；青葱洗净切葱花，备用。
2. 将盐、白胡椒粉和面糊材料搅拌均匀，至有点黏性成面糊后再静置约10分钟。
3. 再将做法1的所有材料加入做法2的面糊中，再轻轻地搅拌均匀。
4. 取一平底锅，锅中加入少许色拉油烧热，再将做法3的面糊倒入，以中火煎至双面上色即可。

小贴士 Tips

- 调好煎饼的面糊后，建议静置10～20分钟，这样煎好的饼口感会更好。
- 煎饼时火不要开太大，以免把饼煎糊。

特别的比萨，送给特别的你

鲜菇烘蛋

一盘鲜菇烘蛋，一种吃比萨的熟悉感涌上心头。新鲜的菇类与鲜滑的蛋液在小火下形成一块块“比萨饼”，口感细腻，唇齿留香。这种少了面粉辅助的特殊比萨，美味可是丝毫不减的，还犹豫什么，赶快尝试一下吧！

材料 Ingredient

鲜香菇	6朵
松茸菇	1包
青葱	1根
蒜仁	2颗
红辣椒	1个
鸡蛋	5个

调料 Seasoning

色拉油	1大匙
酱油	1小匙
水	适量
盐	少许
白胡椒粉	少许
香油	1小匙

做法 Recipe

1. 先将鲜香菇去蒂洗净，切成小片状；松茸菇去蒂洗净，切成小段状，备用。
2. 青葱洗净切葱花；蒜仁与红辣椒洗净切成片状，备用。
3. 将鸡蛋敲入碗中，再加入除色拉油外所有调料搅拌均匀成蛋液，备用。
4. 取一个炒锅，先加入1大匙色拉油，加入做法3的蛋液，再将做法1、2的材料，依序加入蛋液中，盖上锅盖，以小火煎至蛋全熟即可。

小贴士 Tips

- 松茸菇是一种名贵的野生食用菌，有一种特别的浓香，味道极鲜美，其口感如鲍鱼，润滑爽口。但不能也不宜长途携带。用火烤后蘸盐吃，味道极美。或用青椒煎炒也非常好吃，清香爽口。

食材特点 Characteristics

青葱：青葱含有挥发性硫化物，具特殊辛辣味，它质地柔嫩，葱白甘甜脆嫩，具特殊香味，是一种重要的解腥、调味食材。中医学上葱有杀菌、通乳、利尿、发汗和安眠等功效。

吃出春天的滋味

松茸菇拌炒西蓝花

味道鲜美的松茸菇与被称为“蔬菜皇冠”的西蓝花相配，让整盘菜看起来绿意盎然，加上松茸菇与西蓝花的清脆爽口，给人一种扑面而来的春天之味。倘若你想念春天的味道，那就给自己弄一盘松茸菇拌炒西蓝花吧。

材料 Ingredient

松茸菇	100克
西蓝花	200克
胡萝卜片	20克
蒜末	10克

调料 Seasoning

热水	30毫升
油	1/2大匙
盐	1/4小匙
糖	1/4小匙
香油	1小匙
鸡粉	少许

做法 Recipe

1. 西蓝花切小朵、洗净；松茸菇去头洗净备用。
2. 西蓝花放入沸水中，再放入胡萝卜片氽烫一下，接着放入松茸菇一起氽烫后全部捞起备用。
3. 热锅，放入1/2大匙油，爆香蒜末，再放入做法2所有材料，加入热水、剩余调料以中火拌炒均匀、入味即可。

能吃的“美容品”

牛奶蘑菇汤

蘑菇、培根、胡萝卜丝，加入牛奶，不停地搅拌，让各种食物的精髓均匀地与汤融合，至汤汁浓稠。丝滑般的鲜美滋味，让舌头眷恋不已。此外，此汤还具有养颜润肤之效，爱美之人，怎么能错过这么好吃的“美容品”呢？

材料 Ingredient

蘑菇	200克
培根	40克
牛奶	200毫升
蒜末	5克
胡萝卜丝	20克

调料 Seasoning

盐	适量
油	适量
鸡粉	适量
水	200毫升

做法 Recipe

1. 蘑菇洗净切薄片；培根切细末，备用。
2. 热锅，倒入适量的油，放入蒜末、培根炒香，再放入蘑菇片、胡萝卜丝炒匀。
3. 加入水煮至沸腾，再加入牛奶续煮至沸腾，以盐、鸡粉调整味道即可。

小贴士 Tips

- 培根虽然美味，却非人人适宜。老年人，胃肠溃疡患者，患有急慢性肾炎者，水肿、腹水者，感冒未愈、湿热泻痢、积滞未尽、腹胀痞满者都应该禁食培根。

晶莹剔透的美味

蘑菇炒虾仁

白色的小朵圆形蘑菇与鲜虾仁搭配起来，好似“大珠小珠落玉盘”，在视觉上已经俘获了人心。再以红辣椒、青葱、香油等调味，令这盘菜香辣可口，令人回味无穷。

材料 Ingredient

蘑菇	150克
虾仁	100克
蒜仁	2颗
青葱	2根
红辣椒	1个

调料 Seasoning

色拉油	1大匙
香油	1小匙
米酒	1大匙
酱油	1小匙
盐	少许
白胡椒粉	少许
水	适量

做法 Recipe

1. 蘑菇洗净，切成小块状；虾仁挑去沙肠；蒜仁、红辣椒皆洗净切片；青葱洗净切段，备用。
2. 取一个炒锅，加入1大匙色拉油烧热，放入做法1的蘑菇以中火先炒香，再加入做法1的蒜片、红辣椒片、葱段一起翻炒均匀。
3. 最后再加入虾仁和剩余调料，翻炒均匀即可。

小贴士 Tips

- 虾仁胆固醇含量较高，故胆固醇偏高者不宜多食。
- 患高脂血症、动脉硬化、皮肤疥癣、急性炎症和面部痤疮及过敏性鼻炎、支气管哮喘等病症者，不宜多食虾；此外，虾不可与獐肉、鹿肉一起食用。

食材特点 Characteristics

蘑菇：被誉为健康食品，味道鲜美，营养丰富。它是一种高蛋白、低脂肪的食品，有健脾胃、滋营养的功能，对久病体弱、慢性病病人有滋补作用，常食可提高抗病能力。

虾仁：含有丰富的蛋白质，营养价值很高，其肉质和鱼一样松软、易消化，而且无腥味和骨刺，同时含有丰富的矿物质（如钙、磷、铁等）。另外海虾还富含碘质，对人类的健康极有裨益。

名贵的滋味

松茸菇炒芦笋

柔滑爽口的松茸菇加上鲜嫩清香的芦笋，绝对是一场味觉的盛宴。此外，这道菜的营养价值也是丝毫不差的。芦笋含有丰富的膳食纤维，能增进食欲，促进消化。松茸菇含有蛋白质、脂肪，以及人体所必需的8种氨基酸，有很高的营养价值，此外还能防癌、抗癌。两者搭配，既美味，又养生。

材料 Ingredient

松茸菇	1包
芦笋	120克
蒜仁	10克
红辣椒	适量
猪肉丝	100克

腌料 Marinade

米酒	1大匙
香油	1小匙

调料 Seasoning

色拉油	1大匙
盐	少许
白胡椒粉	少许
香油	1小匙
水	适量
酱油	1小匙
淀粉	1小匙

做法 Recipe

1. 将松茸菇去蒂，切成小段后洗净；芦笋去除粗丝、切段；蒜仁、红辣椒皆洗净切片，备用。
2. 猪肉丝与腌料拌匀，腌渍约10分钟，备用。
3. 取一个炒锅，倒入1大匙色拉油烧热，加入做法2腌渍好的猪肉丝，以中火先炒香，再加入做法1的材料拌炒均匀。
4. 续于做法3中加入剩余调料翻炒均匀，且汤汁略收即可。

丝丝有情

麻辣金针菇

金针菇外形纤细、口感软滑，具有保健增智以及益气补血之功效。与辣油、香油、辣豆瓣搭配，其香、麻、鲜、辣汇成一股独特滋味直抵味蕾。这道菜辣而不燥，丝丝爽口，口口香脆，既下饭，又适合当作休闲小吃。

材料 Ingredient

金针菇	1把
蒜仁	2颗
红辣椒	1个
葱丝	10克

调料 Seasoning

辣油	1大匙
香油	1小匙
砂糖	1小匙
辣豆瓣	1小匙
盐	少许

做法 Recipe

1. 金针菇洗净后切除蒂头；蒜仁洗净切碎；红辣椒洗净切丝，备用。
2. 取一个炒锅，先加入1小匙香油，再加入做法1的蒜碎、红辣椒和葱丝以中火先爆香。
3. 再加入做法1的金针菇和剩余调料，以中火煮至汤汁略收即可。

小贴士 Tips

- 如果想使菜肴味道更加浓郁，可以先将辣豆瓣爆香过，这样豆瓣的香气会更浓。

给美食来一次聚会

什锦烩草菇

西芹有降血压、镇静、健胃、利尿的功效，胡萝卜有抗癌、增强免疫力的功效，草菇能护肝健胃，再加上能通乳、有利于预防高血压及心肌梗塞的虾仁，组合成一道低热量的健康家常菜。给美食来一次聚会，让健康在美食中延伸。

材料 Ingredient

草菇	200克
胡萝卜	1/3条
虾仁	80克
西芹	3根
蒜仁	2颗
红辣椒	1个

调料 Seasoning

色拉油	1大匙
香油	1小匙
辣豆瓣	1小匙
盐	少许
白胡椒粉	少许
水	适量
水淀粉	适量

做法 Recipe

1. 先将草菇洗净再对切；虾仁去沙肠，备用。
2. 胡萝卜、西芹皆洗净切小片；蒜仁与红辣椒洗净切片，备用。
3. 取一个炒锅，加入1大匙色拉油烧热，再加入做法2的材料，以中火先爆香。
4. 续放入做法1的材料与剩余调料，翻炒均匀至熟即可。

小贴士 Tips

- 西芹一般人群均可食用。但脾胃虚寒者、肠滑不固者、血压偏低者，以及婚育期的男士应该少吃芹菜。

食材特点 Characteristics

草菇：性寒、无毒。是一种优良的药食兼用型的营养保健食品。其蛋白质中含有18种氨基酸，还含有磷、钾、钙等多种矿物元素。它能消食祛热，补脾益气，清暑热，滋阴壮阳，增加乳汁，预防坏血病，促进伤口愈合，增强人体免疫力，是难得的保健佳品。

胡萝卜：有地下“小人参”之称。富含蔗糖、葡萄糖、淀粉、胡萝卜素以及钾、钙、磷等营养物质。胡萝卜素经肠胃消化能分解成维生素A，可防治夜盲症和呼吸道疾病，同时还可以抗癌。

一青二白

菠菜炒金针菇

菠菜中维生素A和维生素C的含量极为丰富，几乎是所有蔬菜类之冠。此外，菠菜中铁的含量也较其他蔬菜丰富，因此有极好的补血作用。煮熟后的菠菜软滑易消化，特别适合老、幼、病、弱者食用。这道菜也特别适合电脑工作者及爱美之人食用。

材料 Ingredient

金针菇	1把
菠菜	200克
蒜仁	2颗

调料 Seasoning

橄榄油	1茶匙
盐	1/2茶匙

做法 Recipe

1. 菠菜洗净切段；金针菇洗净切段；蒜仁洗净切片，备用。
2. 取一不粘锅放油后，爆香蒜片。加入金针菇、菠菜及盐拌炒均匀即可盛盘。

小贴士 Tips

- 菠菜在烹煮时容易有涩涩的口感，添加金针菇正可以消除涩味。

食物的“三角恋”

松子甜椒洋菇

在食物界，来场“三角恋”会给人带来不同的味觉享受。当乳白色的洋菇爱上了红甜椒、黄甜椒，一道色泽鲜艳、清淡爽口、富有营养的佳肴就诞生了。

材料 Ingredient

洋菇	100克
红甜椒	50克
黄甜椒	50克
松子	2小匙
姜末	10克

调料 Seasoning

米酒	50毫升
香油	1小匙
盐	1小匙
黑胡椒粒	1小匙

做法 Recipe

1. 将红、黄甜椒洗净去蒂后切丁，放入沸水中汆烫1分钟，再沥干备用。
2. 洋菇洗净后切丁，放入沸水中汆烫1分钟，再沥干备用。
3. 热锅，倒入香油，爆香姜末，放入做法1的红、黄甜椒丁，再放入洋菇丁与米酒翻炒均匀。
4. 续放入松子、盐、黑胡椒粒调味拌匀即可。

小贴士 Tips

- 甜椒中类胡萝卜素和辣椒素的含量都极为丰富，是抗氧化的好帮手，产妇在坐月子期间补充甜椒也可增加体力。

给心灵来一次净化

素麻婆豆腐

作为一道经典的川菜，麻婆豆腐可谓是家喻户晓。素麻婆豆腐是它的改良版本。虽然是纯素，但味道却丝毫不差。豆腐的爽滑搭配素肉丝的鲜香，再以香菇为佐，加上调味剂的辅助，形成一道风味独特、营养丰富的健康素菜。它不仅是开胃下饭的好帮手，同时还能祛除体内湿气。吃腻了肉食的你，不妨给自己换换口味吧！

材料 Ingredient

草菇	120克
嫩豆腐	1盒
素肉丝	30克
青葱	2根
蒜仁	2颗
红辣椒	1个

调料 Seasoning

辣豆瓣酱	1大匙
色拉油	1大匙
细砂糖	少许
水	200毫升
水淀粉	少许
香油	1小匙

做法 Recipe

1. 先将素肉丝泡软，草菇洗净对切，豆腐切成小块；青葱、蒜仁、红辣椒皆洗净切碎备用。
2. 往炒锅倒入1大匙沙拉油烧热，再加入已泡好的素肉丝以及切好的红辣椒和蒜，以中火爆香。
3. 加入草菇、辣豆瓣酱、细砂糖和水拌炒均匀，待水开后再淋入水淀粉勾薄芡，再加入豆腐块，烩煮一会儿。出锅前，淋上香油，撒上葱花，就能吃上香喷喷的素麻婆豆腐。

小贴士 Tips

- 想让豆腐在炒时不裂开，可以在水里加点盐，用水焯。由于豆腐嫩，先勾薄芡，豆腐才不易碎，成菜后豆腐块仍保持完整。如果想要这道菜更加香味四溢，色彩鲜明，可以将辣豆瓣酱煸透，这样才能将其中的红油煸出，有利于红亮色泽的形成。另外豆腐在下锅后应该用微火慢烧，这样才能使豆腐入味。

让舌尖眷恋的餐前小菜

香蒜奶油蘑菇

蘑菇、红甜椒、黄甜椒，在无盐奶油与白葡萄酒的烹制下，醇香浓溢，又不失材料的原有味道。蘑菇的鲜美滋味与嫩滑的口感让你的舌头停不下来。这道餐前小菜不油腻，且热量低，一定会成为爱美女孩子的最爱。

材料 Ingredient

蘑菇	80克
蒜片	15克
红甜椒	60克
黄甜椒	40克
欧芹末	适量

调料 Seasoning

无盐奶油	2大匙
盐	1/4茶匙
白葡萄酒	2大匙

做法 Recipe

1. 蘑菇洗净切片；红、黄甜椒洗净切斜片，备用。
2. 热锅，放入奶油，再放入蒜片，以小火炒香蒜片。加入蘑菇片盐、白葡萄酒略煎香后，再加入红、黄甜椒炒匀，撒入欧芹末即可。

小贴士 Tips

- 奶油比起一般食用油更容易焦化，所以在热锅时火侯不要太大，口味才会香浓且没有焦味。
- 为了使这道菜味道鲜美，蘑菇、红甜椒、黄甜椒都要选新鲜、富有光泽的。

你留恋的味道

珊瑚菇烩丝瓜

丝瓜质地脆嫩，口感丝滑，是深受人们喜爱的菜肴之一。此外，丝瓜中含有能防止皮肤老化的维生素B_1和具有美白效果的维生素C等成分，能令肌肤洁白、细嫩，淡化色斑，因此丝瓜汁还有“美人水”之称。爱美的你，快来尝试一下吧！

材料 Ingredient

珊瑚菇	120克
丝瓜	1/2条
虾仁	80克
姜丝	10克
葱段	10克

腌料 Marinade

米酒	1小匙
盐	少许

调料 Seasoning

油	2大匙
盐	1/4小匙
鸡粉	1/4小匙
米酒	1大匙
香油	少许
淀粉	少许

做法 Recipe

1. 先将珊瑚菇洗净；丝瓜洗净去皮切块；虾仁洗净，加入腌料腌5分钟。
2. 热锅后加入2大匙油，再放入姜丝、葱段爆香，续加入做法1的丝瓜拌炒后加水煮沸。
3. 放入做法1的珊瑚菇、虾仁和剩余调料，最后以少许水淀粉（分量外）勾芡即可。

不能辜负的美味

蘑菇炒腊肠

滑嫩的蘑菇、稍带酒味和甜味的广式腊肠，佐以红辣椒、香油、米油，使这道菜香气四溢，唤醒你沉睡已久的味蕾。不需要太多的步骤，不需要太多的时间，几样食材混合，一道实惠、下饭又美味的菜肴就呈现在你面前了！

材料 Ingredient

蘑菇	80克
广式腊肠	150克
蒜苗	50克
红辣椒	1个

调料 Seasoning

油	少许
盐	1/2茶匙
细砂糖	1/2茶匙
米酒	1大匙
水	2大匙
香油	1茶匙

做法 Recipe

1. 广式腊肠放入蒸锅中，以大火蒸约10分钟至熟后切薄片备用。
2. 蘑菇洗净切片；蒜苗洗净切斜片；红辣椒洗净去籽切片，备用。
3. 热锅，倒入少许油，以小火爆香辣椒片后，加入腊肠片煸炒约10秒，加入蘑菇片、蒜苗片及盐、细砂糖、米酒、水，以大火快炒约30秒，洒上香油即可。

小贴士 Tips

- 腊肠不宜放在冰箱储存。因为冰箱中常放有蔬菜、水果等食物，湿度较大，容易导致腊肠霉变。若腊肠只是表面出现了少许霉变，可以用温水擦净后放在通风处晾晒；倘若霉变处较多，则不宜食用。

食材特点 Characteristics

蒜苗：味道香辣，含有丰富的维生素C以及蛋白质、胡萝卜素、硫胺素、核黄素等营养成分。它的辣味主要来自其含有的辣素，这种辣素具有消积食的作用。此外，蒜苗还能预防流感、肠炎等因环境污染引起的疾病。对心脑血管有一定的保护作用，可预防血栓的形成，同时还能保护肝脏。

绽放在舌尖的美味

芦笋烩珊瑚菇

芦笋烩珊瑚菇，有一种筷未动，口水先流的魔力。那鲜艳的色泽，在视觉上就赢得了美食者的青睐。鲜甜爽口的珊瑚菇与同样清爽脆嫩的芦笋同炒，再配以火腿跟胡萝卜，保证让你停不下筷。

材料 Ingredient

珊瑚菇	150克
芦笋	100克
火腿	2片
胡萝卜	30克
蒜仁	2颗
红辣椒	1个

调料 Seasoning

色拉油	1大匙
香油	1小匙
砂糖	少许
黄豆酱	1小匙
盐	少许
白胡椒粉	少许
水淀粉	少许

做法 Recipe

1. 珊瑚菇去蒂，切小块再洗净；火腿切小片；芦笋去老丝，洗净切斜片；胡萝卜洗净切小片，蒜仁与红辣椒皆洗净切片，备用。
2. 取一个炒锅，倒入1大匙色拉油烧热，再加入做法1的蒜片与红辣椒片，以中火先爆香。
3. 接着再加入做法1的其余材料与剩余调料，翻炒均匀至所有材料入味即可。

小贴士 Tips

- 先将珊瑚菇干品反复洗净泥沙，再放入清水中浸泡20分钟待用。菌内含异性蛋白质，对蛋类、乳类、海鲜过敏者慎食！
- 芦笋是一种高营养的保健蔬菜，经常食用可消除疲劳，降低血压，改善心血管功能，增进食欲，提高机体免疫力。

食材特点 Characteristics

珊瑚菇：质地脆嫩，色泽秀美，营养丰富，含有15种氨基酸，其中6种是人体所必需的。此外还含有多种对人体有益的碳水化合物和微量元素。

芦笋：享有“蔬菜之王”的美称。富含蛋白质、维生素、矿物质和人体所需的微量元素等，另外芦笋中所特有的天门冬酰胺，对心血管病、水肿、膀胱炎、白血病等均有疗效，此外还有抗癌的效果。长期食用芦笋，对人体许多疾病有着明显的改善作用。

百变滋味

糖醋珊瑚菇

虽然名字里有“糖醋”二字，但口味其实是多变的。这款汇集了珊瑚菇、洋葱、西红柿、辣椒等食材的家常菜，有点辣、有点甜还有点酸，能满足吃货的多种口味。

材料 Ingredient

珊瑚菇	130克
西红柿	1个
洋葱	1/2颗
蒜仁	2颗
红辣椒	1/2个
青葱段	10克

调料 Seasoning

色拉油	1大匙
番茄酱	2大匙
白醋	1小匙
砂糖	1小匙
水	适量
香油	少许

做法 Recipe

1. 珊瑚菇洗净、去蒂；洋葱与西红柿洗净切大块；蒜仁与红辣椒皆洗净切片，备用。
2. 取一个炒锅，倒入1大匙色拉油烧热，再加入做法1的蒜片、红辣椒片与青葱段以中火先爆香。
3. 接着再加入做法1的其余材料和剩余调料，煮至汤汁略收干、食材入味即可。

小贴士 Tips

- 洋葱的汁液含有刺激性气体，切开后能挥发到空气中，通过眼睛、鼻子进入人体，并引起流泪。其实洋葱经过冷冻、水洗、抹油，都可以减少刺激性气体的挥发，这样再也不害怕切洋葱流泪了。

堪比素斋的美食

泡菜烧鲜菇

泡菜烧鲜菇，从远处一看，还以为是一道泡菜五花肉。秀珍菇味道清甜，质地细嫩，再融入泡菜的酸甜，清香爽口，鲜嫩诱人，让人吃得停不下来。秀珍菇的纤维含量极少，热量极低，就算多吃也不用担心发胖。

材料 Ingredient

秀珍菇（大）	120克
金针菇	1/2把
猪肉薄片	100克
韩式泡菜	100克

调料 Seasoning

A:

油	适量
淡色酱油	1大匙
味醂	1/2大匙

B:

盐	少许
白胡椒粉	少许

做法 Recipe

1. 猪肉薄片撒上调料B；金针菇去蒂头切段洗净，备用。
2. 热锅，倒入适量的油，放入做法1的猪肉薄片煎至上色，放入秀珍菇、金针菇段炒匀。再加入剩余调料A、韩式泡菜拌炒均匀即可。

小贴士 Tips

- 泡菜富含乳酸，可刺激消化腺分泌消化液，帮助食物消化吸收。常吃泡菜可以增加肠胃中的有益菌，抑制肠道中的致病菌，降低患胃肠道疾病的概率。由于泡菜在腌制过程中会产生公认的致癌物质亚硝酸盐，因而泡菜不宜多食。

清淡滋味

芦笋炒白灵菇

雪白的白灵菇与翠绿的芦笋相配，给人一种清新感。此菜虽以姜丝、辣椒佐味，但味道却十分清淡。吃上一口，舌尖仿佛拂过一阵春风那般畅快。吃惯了肥甘厚味食物的你，不妨让胃休息下。这道清淡的小菜说不定能给你带来不一样的惊喜呢！

材料 Ingredient

白灵菇	100克
细芦笋	50克
芹菜	30克
姜丝	5克
小红辣椒	1个

调料 Seasoning

油	适量
淡色酱油	1大匙
糖	1/2小匙

做法 Recipe

1. 细芦笋放入沸水中汆烫约10秒切段；芹菜去叶洗净切段；辣椒洗净切丝，备用。
2. 热锅，倒入适量的油，放入姜丝、辣椒丝爆香，再放入白灵菇、芹菜段炒匀。
3. 加入剩余调料炒入味，再放入细芦笋段炒匀即可。

小贴士 Tips

- 这道菜要突显芦笋的翠绿与白灵菇的雪白，因此不建议使用传统酱油。传统酱油颜色会太深，会让色泽不好看。而淡色酱油颜色相对淡些，炒出来的菜才会漂亮。

食材特点 Characteristics

白灵菇：一种食用和药用价值极高的珍稀食用菌。其菇体色泽洁白、肉质细腻、味道鲜美，富含蛋白质、氨基酸及多种对人体有益的矿物质，特别是真菌多糖，它能增强人体免疫力，调节人体生理平衡。

芹菜：富含蛋白质、碳水化合物、胡萝卜素、B族维生素、钙、磷、铁、钠等。具有平肝清热、健胃利血、除烦消肿、清肠利便、润肺止咳、降低血压、健脑镇静等多种功效。

唤醒沉睡的活力

香蒜黑珍珠

滑鲜嫩脆的珍珠菇，在蒜苗的蒜香与培根的烟熏香的混合下，香味更加浓郁，口感极佳。附在珍珠菇菌伞表面的黏性物质核酸，还有益于保持人体精力和脑力，并能抑制肿瘤。这道菜可谓集养生与美味于一体，是一道不可多得的佳肴。

材料 Ingredient

黑珍珠菇	150克
培根	2片
蒜苗	2根
蒜仁	5克

调料 Seasoning

油	少许
盐	适量
鸡粉	适量

做法 Recipe

1. 蒜苗洗净切斜长片；蒜仁洗净切片；培根切小片，备用。
2. 热锅，倒入少许的油，放入蒜片炒香，再放入培根炒出油脂。
3. 放入黑珍珠菇、蒜苗片炒匀，再以盐、鸡粉调味即可。

小贴士 Tips

- 黑珍珠菇外表跟柳松菇、松茸菇很像，口感也相近。如果买不到黑珍珠菇，也可以用柳松菇或松茸菇替换。此外培根本身会出油，因此热锅时别加太多油。

保健小卫兵

绿芦笋炒雪白菇

娇小的雪白菇，口感滑嫩鲜香，又无菇腥味。将其与“蔬菜之王”绿芦笋、极富营养的胡萝卜以及有润肠解毒功效的黑木耳搭配，更增添菜色美感以及风味。更重要的是，每款食材都含有丰富的营养成分，对于健康也是极为有利的。

材料 Ingredient

雪白菇	120克
绿芦笋	60克
胡萝卜	25克
黑木耳	20克
蒜片	10克
红辣椒片	10克

调料 Seasoning

油	2大匙
盐	1/4小匙
鸡粉	1/4小匙
米酒	1小匙

做法 Recipe

1. 雪白菇洗净去蒂头；胡萝卜洗净切片；黑木耳洗净切片；绿芦笋洗净切段备用。
2. 将做法1的胡萝卜片、黑木耳片放入沸水中汆烫后备用。
3. 热锅加入2大匙油，放入蒜片、红辣椒片爆香，再加入做法1的雪白菇炒约1分钟。
4. 最后放入做法2的胡萝卜片、黑木耳片、绿芦笋段，再加入其余调料拌匀入味。

健康养生好帮手

舞菇烩娃娃菜

舞菇烩娃娃菜，是一道地道的健康养生料理。白果能祛痰平喘、收涩止带，并且还有滋阴养颜、抗衰老的功效；娃娃菜能利尿通便、清热解毒，舞菇能消除疲劳、提高人体免疫力……每一种食材的养生功效都极好。热爱健康的你，快来尝试下吧！

材料 Ingredient

舞菇	140克
娃娃菜	150克
白果	30克
猪肉片	60克
蒜片	10克
葱段	10克
胡萝卜片	25克
高汤	100毫升

调料 Seasoning

油	2大匙
盐	1/4小匙
糖	1/4小匙
鸡粉	1/4小匙
水淀粉	少许

腌料 Marinade

酱油	1/4小匙
米酒	1小匙
淀粉	少许

做法 Recipe

1. 先将舞菇、娃娃菜洗净备用。
2. 将做法1的娃娃菜放入沸水中氽烫后捞出；猪肉片洗净后放入腌料，腌5分钟后过油捞起备用。
3. 热锅倒入2大匙的油后，依序放入蒜片、葱段炒香。
4. 续放入做法1的舞菇，做法2的娃娃菜、猪肉片以及胡萝卜和白果拌炒均匀。
5. 最后加入盐、糖、鸡粉，再加入高汤煮沸后，再以水淀粉勾芡即可。

小贴士 Tips

- 处理娃娃菜的时候，可以先将整棵氽烫后再切开，以防氽烫时散开导致菜色不美观。
- 不爱吃淀粉的人，可以不放淀粉，味道不但不会打折，反而能使菜品保持原汁原味。

食材特点 Characteristics

白果：一种营养丰富的高级滋补品。它富含有淀粉、蛋白质、脂肪、糖类、维生素C、核黄素、胡萝卜素、钙、磷、铁、钾、镁等微量元素以及银杏酸、白果酚、五碳多糖、脂固醇等成分。能益肺气，对咳喘等疾病具有良好的食疗作用。还能滋阴、养颜、抗衰老。

娃娃菜：富含胡萝卜素、B族维生素、维生素C、钙、磷、铁等，其中微量元素锌的含量不但在蔬菜中名列前茅，就连肉、蛋也比不过它。具有养胃生津、除烦解渴、清热解毒等功效。

料理中的“小家碧玉”

碧玉养生菇

如果要用一个词来形容这道菜的话，应该是小家碧玉。这道菜清爽脆口，淡而不俗，鲜而不腻，自有一种天然气质。富含蛋白质和氨基酸的柳松菇，健胃强身的松茸菇，以及低热量、低脂肪的碧玉笋相搭配，有极佳的养生功效，是一道不可多得的养生菜。

材料 Ingredient

美白菇	40克
松茸菇	40克
柳松菇	40克
碧玉笋	120克
胡萝卜片	20克
姜丝	10克

调料 Seasoning

油	2大匙
盐	1/4小匙
香菇粉	1/4小匙
米酒	1/2大匙
水	适量

做法 Recipe

1. 将美白菇、松茸菇、柳松菇洗净去蒂；碧玉笋洗净切段。
2. 热锅后放入2大匙油，再加入姜丝爆香，续放入做法1的材料和胡萝卜片炒约1分钟。再放入剩余调料拌炒均匀入味即可。

小贴士 Tips

- 肠炎、肝硬化、消化性溃疡、肾炎、胃出血、骨质疏松等患者不宜食用碧玉笋。
- 美白菇的极简烹调方式：将鲜菇在沸水中滚一下，时间不宜太长，捞起装盘，待冷却后加米醋、姜末和其他佐料拌匀，即成一道美味佳肴。

肠道清洁能手

玉米笋炒百菇

提高食欲的山珍香菇，强身、益肠胃的松茸菇，高蛋白、低脂肪的秀珍菇，营养丰富、脆甜可口的玉米笋，再加上素有“小人参”之称的胡萝卜……光看食材，就知道这肯定是一道不错的健康养生菜。由于玉米笋和豌豆荚中含有大量的纤维素，能促进大肠的蠕动，因此这道菜还有排毒清肠的作用。

材料 Ingredient

鲜香菇	50克
松茸菇	40克
秀珍菇	40克
玉米笋	100克
豌豆荚	40克
胡萝卜	20克
蒜片	10克

调料 Seasoning

油	适量
盐	1/4小匙
米酒	1小匙
鸡粉	少许
香油	少许

做法 Recipe

1. 玉米笋切段后放入沸水中氽烫一下；鲜香菇洗净切片；松茸菇去蒂头洗净，豌豆荚去头尾及两侧粗丝洗净；胡萝卜洗净去皮切片，备用。
2. 热锅，倒入适量的油，放入蒜片爆香，加入所有菇类与胡萝卜片炒匀。
3. 加入豌豆荚及玉米笋炒匀，加入剩余调料炒入味即可。

小贴士 Tips

- 豌豆荚口感脆嫩，尤其是里面的嫩豌豆，一咬就会有甘甜的汁水流出。豌豆夹富含维生素C，具有抗菌消炎和增强新陈代谢的功能，比较适宜便秘的人食用。

粒粒皆辛苦

香菇素肉臊

香菇素肉臊，一听名字让人想到荤菜。其实这道菜没有任何的荤菜食材，但其味道的醇香一点也不比荤菜差。将食材一一切成丁，可以让食材充分地入味。虽然切起来的时候比较麻烦，但吃进口里的瞬间会让你觉得一切都是值得的。

材料 Ingredient

干香菇	300克
姜末	40克
竹笋末	50克
豆干末	80克

调料 Seasoning

油	少许
酱油	3大匙
冰糖	1小匙
五香粉	1/2小匙
肉桂粉	1/2小匙
水	700毫升

做法 Recipe

1. 干香菇泡发后，取蒂头，剁成碎末状备用。
2. 取锅烧热，加入少许油，放入做法1的香菇蒂头碎爆炒至干，再加入其余材料炒香，最后加入剩余调料焖煮约35分钟即可。

小贴士 Tips

- 干香菇蒂纤维多，口感扎实，做成肉臊更能增加其口感和香气。干香菇蒂较硬，不易切成丁，为了省事，也可将其放入食物调理机中搅成泥状后再使用。

让舌尖留恋的味道

豆浆炖菇

豆浆炖菇，好似一碟白色布丁。豆腐、美白菇、松茸菇口感嫩滑，味道鲜美。再以味噌、米酒相佐，让食物的自然香气更加浓郁，并最终汇合在清淡的汤汁里。这道菜虽然口味比较清淡，但由于保留了食材的原有香味，故鲜美无比，一定会让你的舌尖留恋上这种味道。

材料 Ingredient

板豆腐	1大块
美白菇	60克
松茸菇	60克

调料 Seasoning

豆浆	200毫升
米酒	50毫升
酱油	1.5大匙
味噌	18克
糖	13克

做法 Recipe

1. 所有调料混合均匀；豆腐切4等份，备用。
2. 取锅，放入做法1的调料煮至沸腾，再加入豆腐、美白菇、松茸菇，以小火炖煮至入味即可。

小贴士 Tips

- 放味噌时最好先放在汤匙上，再浸入汤中慢慢用筷子搅散，或是用滤网过滤入汤中。如果一口气将味噌倒入汤中，不容易均匀散开。而豆浆容易焦底，所以熬煮时要用小火并不时轻轻搅拌。
- 这道菜很关键的一点在于选豆腐，好的豆腐会让这道菜加分。这道料理的豆腐最好选择内无水纹、无杂质、净白细嫩的水豆腐，也就是大家常说的南豆腐。

食材特点 Characteristics

豆腐：豆腐是中国的传统食品，味美而养生。高蛋白、低脂肪，具降血压、降血脂、降胆固醇的功效。是一种生熟皆可、老幼皆宜，养生摄生、益寿延年的美食佳品。豆腐有南和北两种。南豆腐用石膏较少，因而质地细嫩；而北豆腐用石膏较多，质地较南豆腐老。

让沉睡的味蕾醒过来

干锅香菇豆腐煲

香菇、豆腐这两种食材容易入味，在辣椒、姜片、芹菜、辣豆瓣酱以及蚝油的调味下，味道辣香辣香的。咬一口，豆腐与香菇里面的辣香汁留在嘴里，令人回味无穷，仿佛沉睡的味蕾也在瞬间清醒过来。不用千里跋涉，在家就能吃到地道的川菜。

材料 Ingredient

干香菇	60克
板豆腐	200克
干辣椒	3克
蒜片	10克
姜片	15克
芹菜	50克
蒜苗	60克

调料 Seasoning

色拉油	少许
辣豆瓣酱	2大匙
蚝油	1大匙
细砂糖	1大匙
米酒	30毫升
水	80毫升
水淀粉	1大匙
香油	1大匙

做法 Recipe

1. 干香菇用约1碗水泡软后取出沥干，分切成两等份；板豆腐切片；芹菜洗净切小段；蒜苗洗净切片，备用。
2. 热油锅至约180℃，放入做法1的豆腐片，炸至表面金黄后取出，续将做法1的干香菇下锅炸香，起锅沥油备用。
3. 另取锅烧热，倒入少许色拉油，以小火爆香姜片、蒜片和干辣椒。
4. 再加入辣豆瓣酱炒香，放入做法1、2的香菇、芹菜段及蒜苗片炒匀后，放入蚝油、细砂糖、米酒及水。
5. 续加入做法2的炸豆腐片，以小火煮至汤汁略收干，用水淀粉勾芡后淋入香油，最后再盛入锅即可。

小贴士 Tips

- 豆腐是汉朝淮南王刘安发明的一种食品。现代营养学家认为，豆腐是高蛋白、低脂肪的健康食品，并具有降血压、降血脂、降胆固醇等功效。豆腐生熟皆可，老幼皆宜，是一种养生保健、益寿延年的美食佳品。

食材特点 Characteristics

生姜：乃助阳之品，有防暑、降温、提神，开胃健脾，杀菌解毒，以及抗氧化、抑制肿瘤之功效。它是一种必不可少的调味品，生姜中所含的姜辣素和二苯基庚烷类化合物均具有很强的抗氧化和清除自由基作用。吃姜还能抗衰老，老年人常吃生姜可除老人斑。

天然的胶原蛋白口服液

香菇参须炖鸡翅

大家都知道鸡汤是不错的补品，不过现在教你炖的这道汤，其营养价值与美味程度翻倍。香菇的鲜味为鸡汤提味，让味道更上一层楼；而人参则让鸡汤的营养加倍。鸡翅肉质鲜美，在鸡皮的包裹下，还会减少汤汁的油腻感。这道汤鲜而不腻，美容养颜，你还在犹豫什么呢！

材料 Ingredient

干香菇	10朵
鸡翅	600克
人参	10克
姜片	5克

调料 Seasoning

盐	1茶匙
米酒	2大匙
水	1200毫升

做法 Recipe

1. 鸡翅放入沸水中汆烫一下；干香菇泡水，备用。
2. 将所有材料与米酒放入电锅内锅，外锅加1杯水（分量外），盖上锅盖，按下开关，待开关跳起，续焖30分钟后，加入盐调味即可。

小贴士 Tips

- 人参中含有人参皂甙，有防癌抗癌、兴奋中枢神经、抗疲劳、镇痛、安神、提高人体免疫力等功效。人参皂甙存在于人参的周皮与皮层中，因此要选又细又长、肉少皮多的人参。

老少皆宜的家庭靓汤

栗子冬菇鸡汤

金秋的栗子又香又甜，柔糯可口。而人体的气血在天气转凉的时候开始收敛，所以此时吃栗子进补是最理想的。中医认为栗子有滋补功能，可与人参、北芪、当归等药材相提并论。此外，栗子还有“肾之果”之称，对肾虚有一定的食疗效果。鸡汤在栗子、香菇调味下，更加鲜美。这道靓汤，能补肾填精，是老少皆宜的佳品。

材料 Ingredient

土鸡肉	200克
去皮鲜栗子	100克
干香菇	5朵
姜片	15克

调料 Seasoning

盐	3/4茶匙
鸡粉	1/4茶匙
水	500毫升

做法 Recipe

1. 土鸡肉剁小块，放入沸水中汆烫去脏血，再捞出用冷水冲凉洗净，备用。
2. 干香菇泡软切小片，与做法1处理好的土鸡肉块、鲜栗子、姜片一起放入汤盅中，再加入水，盖上保鲜膜。
3. 将做法2的汤盅放入蒸笼中，以中火蒸约1小时，蒸好取出后加入所有调料调味即可。

小贴士 Tips

- 栗子含有丰富的不饱和脂肪酸和维生素、矿物质，能防治高血压、冠心病、动脉硬化、骨质疏松等疾病，是抗衰老、延年益寿的滋补佳品。

补钙“口服液”

草菇排骨汤

维生素C含量极高的草菇，具有解毒作用，能促进人体新陈代谢，增强抗病能力，还能减慢人体对碳水化合物的吸收，是糖尿病患者的理想食材。而排骨含有丰富的蛋白质、维生素和大量磷酸钙、骨胶原，具有滋阴壮阳、益精补血的功效，是幼儿和老人的理想补钙“口服液”。

材料 Ingredient

草菇	200克
排骨	300克
胡萝卜块	40克
白萝卜块	100克

调料 Seasoning

米酒	2大匙
盐	1小匙
鲣鱼粉	少许
水	1000毫升

做法 Recipe

1. 先将草菇洗净；排骨洗净后汆烫备用。
2. 热锅后放入水，待煮沸后再放入排骨、胡萝卜块、白萝卜块煮约30分钟。
3. 最后放入草菇、所有调料煮至入味即可。

小贴士 Tips

- 排骨先泡水15分钟，去除血水后再汆烫，煮出来的汤品才会清淡不油腻。想要汤喝起来细滑香甜，可以加一点牛奶。
- 清洗草菇用淡盐水搓洗一遍，以防农药残余。

食材特点 Characteristics

排骨：富含磷酸钙、骨胶原和骨粘蛋白，具有滋阴壮阳，益精补血的作用。是幼儿和老人以及产妇的理想滋补食品。猪排骨味道鲜美，也不会太过油腻。

米酒：含有十多种氨基酸，其中有8种是人体不能合成而又必需的。每升米酒中赖氨酸的含量比葡萄酒和啤酒要高出数倍。米酒具有促进食欲、帮助消化、温寒补虚、提神解乏、解渴消暑、促进血液循环以及润肤等功效。且米酒中的营养成分更易于人体吸收，是中老年人、孕产妇和身体虚弱者补气养血之佳品。

引起舌尖无限遐想

野菜鲜蔬天妇罗

爱吃日本料理的人对这道菜肯定不会陌生。没错，它就是蔬菜天妇罗。新鲜的蔬菜在一层薄薄的蛋液与面粉的包裹下，给人一种视觉的冲击感。表皮的脆香与蔬菜的新鲜爽口，再蘸上一点自制的特殊酱汁，入口即化。几种食材简简单单的一组合，一道口味独特的小菜就诞生了！

材料 Ingredient

鲜香菇	3朵
珊瑚菇	40克
秀珍菇	40克
茄子	1/2条
四季豆	40克
芹菜叶	20克
西蓝花	30克
鸡蛋	1个
低筋面粉	80克

调料 Seasoning

冰水	100毫升
白萝卜泥	30克
淡酱油	2大匙
味醂	2大匙
姜汁	少许

做法 Recipe

1. 将鲜香菇、珊瑚菇、秀珍菇洗净。
2. 茄子、四季豆洗净切段；西蓝花、芹菜叶洗净备用。
3. 鸡蛋打散，加入冰水搅匀，再加入低筋面粉搅拌成面糊。
4. 将做法1、2的材料分别沾裹做法3的面糊，放入热油锅中炸至表面酥脆。
5. 将剩余调料混合均匀，食用时可搭配蘸取。

小贴士 Tips

- 以白萝卜泥酱汁蘸着吃，解油腻，清爽更入味。
- 炸物裹的粉浆厚薄也很重要。太厚会影响口感，太薄吃起来又不脆，裹得适中才刚刚好。

食材特点 Characteristics

西蓝花：西蓝花的营养成分不仅含量高，而且十分全面。每100克新鲜西蓝花的花球中，含蛋白质3.5~4.5克，是菜花的3倍、西红柿的4倍。此外维生素A含量是白花菜的n倍。西蓝花可能最显著的就是具有防癌抗癌的功效，尤其是在预防胃癌、乳腺癌方面效果尤佳。

当营养邂逅美味

猪肚菇炖乌骨鸡

风味独特的猪肚菇，有着似竹笋般的清脆，猪肚般的滑腻，富含对人体有益的微量元素以及8种氨基酸，可直接被人体吸收。而乌鸡富含多种氨基酸，此外蛋白质、维生素B_2、烟酸、维生素E、磷、铁、钾、钠的含量也很高，且胆固醇和脂肪含量很少，是补虚劳、养身体的上好佳品。当猪肚菇邂逅名贵珍禽——乌鸡，注定是一场营养与美味的完美结合。

材料 Ingredient

猪肚菇	150克
乌鸡	600克
红枣	10颗
姜片	15克

调料 Seasoning

米酒	3大匙
盐	1/2小匙
水	100毫升

做法 Recipe

1. 将去蒂的猪肚菇洗得干净，同样红枣洗净备用。
2. 乌鸡切块洗净，氽烫后捞出备用，这不仅可以去掉生腥味，也是再次彻底清洁的过程，更能使汤清而不腻，香而无异味。
3. 将洗净的乌鸡块、姜片、红枣、水放入盅内，放入炖锅内，在锅内加入1杯水即可。
4. 1小时后，打开锅盖，将洗净的猪肚菇以及所有调料加入盅内，在锅内再加入半杯水，炖15分钟左右即可享用美味又营养的大补汤了。

小贴士 Tips

- 感冒发热、咳嗽多痰、腹胀、体胖者及患急性菌痢肠炎、严重皮肤疾病的人不宜服用此汤。

食材特点 Characteristics

乌鸡：含有丰富的蛋白质、B族维生素、氨基酸以及微量元素。且胆固醇和脂肪含量很低。经常食用乌鸡可以延缓衰老、强筋健骨，对骨质疏松、佝偻病、妇女缺铁性贫血症等有明显食疗功效。

猪肚菇：俗称大杯伞、大漏斗菇。是一种珍稀的野生食用菌，含有钴、钡、铜、锌、钙、铁等多种对人体有益的元素，可直接被人体吸收利用，比起市面上卖的补钙、补铁产品效果要好。

给生活加点“料”

杂菇养生饭

一日三餐，总是大米饭入口，难免会单调。而杂菇养生饭则会减少日常饮食习惯中的单调感。带有浓郁香气的松茸菇，具有补脾益气功效的草菇，再与米饭的米香味相混合，无论在营养上还是味道上，都是很不错的。

材料 Ingredient

松茸菇	60克
草菇	60克
蟹味菇	60克
发芽米	200克

调料 Seasoning

水	260毫升

做法 Recipe

1. 松茸菇、草菇、蟹味菇，一起洗净去蒂备用。
2. 发芽米洗净沥干，放入电锅内锅中，铺上做法1的菇类，再加入水浸泡约20分钟后，放入电子锅中，按下煮饭键煮至熟即可。

小贴士 Tips

- 电子锅煮饭有秘诀，待煮饭键跳起，先打开锅盖将米饭翻松，再盖上锅盖焖10分钟，这样一来锅内米饭的水汽才能均匀，多余的水蒸气也会散掉，米饭才会又香又弹力十足。

一口爽脆

豆酱美白菇

美白菇味道比平菇鲜，肉质比滑菇厚，口感比香菇韧，还具有独特的香味，味道十分鲜美。再搭配清爽脆嫩的胡萝卜，富含纤维素的西芹以及带有特殊香味的白果，风味独特，令人口齿留香。这道料理清爽脆口、丝滑香嫩，是吃货们在炎热夏季的一道理想料理。

材料 Ingredient

美白菇	140克
胡萝卜	10克
西芹	10克
白果	30克

调料 Seasoning

市售黄豆酱	100克
糖	2大匙
米酒	2大匙
酱油	1大匙
水	适量

做法 Recipe

1. 美白菇洗净去蒂头，用手抓开成一束一束。
2. 胡萝卜洗净去皮，切成片；西芹洗净去老茎，切成片。
3. 将做法1的美白菇、做法2的胡萝卜片、西芹片、白果混合均匀，放入蒸盘中，淋上调料。
4. 取一炒锅，锅中加入适量水，放上蒸架，将水煮至沸腾。
5. 将做法3的蒸盘放在做法4的蒸架上，盖上锅盖，以大火蒸约10分钟至熟即可。

天下第一鲜

蛤蜊蒸鲜菇

俗话说“吃了蛤蜊肉，百味都失灵”，恐怕只有吃过的人才知道这俗语并不夸张。蛤蜊肉质鲜美无比，与同样鲜美的金针菇、秀珍菇以及鲜香菇组合起来，香味更加浓郁。蛤蜊的营养价值也很高，蛋白质、脂肪、碳水化合物、铁、钙、磷、碘和维生素的含量都很丰富。再以蒸的方式烹制，营养、美味丝毫不打折扣。

材料 Ingredient

蛤蜊	200克
鲜香菇	3朵
金针菇	30克
秀珍菇	30克
姜丝	10克
葱花	10克

调料 Seasoning

盐	少许
胡椒粉	少许
米酒	1大匙
香油	1/2小匙

做法 Recipe

1. 先将蛤蜊静置泡水吐沙；鲜香菇、金针菇去头洗净；秀珍菇洗净；鲜香菇洗净切片备用。
2. 取一容器，将做法1的材料和姜丝放入，再加入所有的调料，放入蒸锅蒸熟。
3. 蒸熟后取出容器，再撒上葱花即可。

小贴士 Tips

- 虽然市面上的蛤蜊有先处理过，但沙吐的并不是很干净，买回家还是要用水泡一下。另外蛤蜊本身就有咸味，所以料理时盐不用加太多。
- 蒸这道菜时，要等锅中的水沸腾后再放入，这样可以避免食材蒸太久而软烂，还能保持食材本身的色泽。

最特别的小笼包

美玉香菇盒

当捣碎的蒜仁、红辣椒、香菜邂逅猪绞肉、虾浆时，一道美味就诞生了。这款美玉香菇盒形如小笼包，因其内加入了虾浆，蒸熟后如美玉般晶莹剔透。用蘑菇替代面粉，吃起来更加爽口鲜香。这道美味的小吃，绝对不输大名鼎鼎的虾饺。

材料 Ingredient

鲜香菇	6朵
猪绞肉	300克
虾浆	100克
蒜仁	2颗
红辣椒	1个
香菜	2根
欧芹碎	适量

酱汁 Sauce

鸡高汤	300毫升
蛋白	1个
盐	少许
白胡椒粉	少许
香油	少许

调料 Seasoning

淀粉	1大匙
香油	1小匙
盐	少许
白胡椒粉	少许
蛋白	15克

做法 Recipe

1. 鲜香菇去蒂，再洗干净沥干，备用。蒜仁、红辣椒、香菜皆洗净，再切碎，备用。
2. 做法2的材料、猪绞肉、虾浆与所有调料一起搅拌均匀，甩出黏性。
3. 将做法1的鲜香菇蕈内撒入少许淀粉（分量外），再将做法3的材料镶入菇蕈内，稍微塑型，即为香菇盒。
4. 将做法4的香菇盒摆在蒸盘中，再放入水滚的蒸笼里，以大火蒸约12分钟后取出。
5. 取一个炒锅，加入酱汁材料以中火煮沸，以水淀粉（分量外）勾薄芡，撒上少许蛋白碎（材料外）拌匀成蛋白芡，再淋在做法5上，撒上少许欧芹碎装饰即可。

素食也美味

养生什锦菇

养生什锦菇是一道菇类大杂烩。这道菜以水煮方式进行烹饪，让各种菇的营养与美味尽融在汤汁中，清淡味美却不失食物的原本味道。再以枸杞为佐，令这道什锦菇的养生效果更好。吃腻肉食的你，不妨试一下这道素食美味吧！

材料 Ingredient

圆白菜	200克
鲜香菇	1朵
松茸菇	40克
雪白菇	40克
珊瑚菇	30克
黑珍珠菇	30克
舞菇	30克
金针菇	40克
绿芦笋	40克
枸杞	10克
姜片	15克
水	800毫升

酱汁 Sauce

盐	1/2小匙
米酒	1大匙
香菇粉	1/2小匙

做法 Recipe

1. 圆白菜洗净切片；鲜香菇洗净划十字刀；绿芦笋洗净切段；松茸菇、雪白菇、珊瑚菇、黑珍珠菇、舞菇、金针菇洗净去蒂头。
2. 锅中加入水800毫升煮沸，放入做法1的圆白菜、姜片、枸杞煮沸后，再加入剩余材料煮沸。
3. 最后加入所有调料，盛盘即可。

小贴士 Tips

金针菇被称为“益智”菇，具有补肝、益肠胃以及抗癌等功效。但金针菇性寒，脾胃虚寒与慢性腹泻的人应少吃；而关节炎、红斑狼疮患者也要慎食，以免加重病情。

白粥上的绚丽

香菇咸粥

粥是一种健康食品，具有清理肠胃、美容润肤、补气养身等功效。而这道香菇咸粥，加入了营养丰富的干香菇、虾米，与爽口清脆的白萝卜丝、笋丝。在高汤慢煮之下，食材的各种味道尽融粥汤中。寡淡的白粥瞬间变成了一道营养味美的香菇咸粥。

材料 Ingredient

干香菇	150克
大米	300克
虾米	30克
肉丝	50克
笋丝	50克
高汤	2500毫升
芹菜末	20克
油葱酥	适量

调料 Seasoning

A:

盐	1小匙
鸡粉	1/2小匙
冰糖	1小匙
酱油	少许

B:

油	3大匙
白胡椒粉	少许

腌料 Marinade

酱油	1小匙
糖	少许
盐	少许
白胡椒粉	少许

做法 Recipe

1. 大米洗净；干香菇泡软切丝；虾米泡软；肉丝加入所有腌料腌约30分钟，备用。
2. 热锅，倒入3大匙的油，放入做法1的香菇丝、虾米爆香，放入大米与笋丝炒匀。
3. 加入高汤煮至沸腾，转小火续煮15分钟后，放入做法1的肉丝续煮至大米熟透且软，加入调料A拌匀，放入油葱酥、芹菜末及白胡椒粉即可。

一丝一清爽

凉拌三丝金针菇

金针菇、胡萝卜、红辣椒、西芹，每一种食材都清爽脆口，是一道炎热夏季的理想料理。质地脆嫩，具有芳香气味的西芹为这道凉菜增添了香味，西芹的纤维比较丰富，有利于通便，这个夏季再也不害怕便秘了。质嫩、味甜的胡萝卜食用后经肠胃消化分解成维生素A，可防治夜盲症和呼吸道疾病。

材料 Ingredient

金针菇	1把
胡萝卜	50克
西芹	2根
红辣椒	1个
蒜仁	2颗

调料 Seasoning

鸡粉	少许
盐	少许
白胡椒粉	少许
香油	1大匙
水	适量

做法 Recipe

1. 先将金针菇去蒂，放入沸水中汆烫，再沥干水分，备用。
2. 胡萝卜、西芹、红辣椒皆洗净切丝，再放入沸水中汆烫过水，备用。蒜仁洗净切碎，备用。
3. 取一容器，加入做法1、2的材料与所有调料，搅拌均匀即可。

小贴士 Tips

- 金针菇适合以凉拌或烩煮的方式烹调，不但容易煮烂，而且容易入味，吃起来有嚼劲。凉拌的食材最好切成与金针菇相同粗细，吃起来口感才会好。

圣女果的爱恋

西蓝花拌舞菇

绿色的西蓝花以及灰色的舞菇在鲜红碧透的圣女果包围下，好似在诉说一段食物之间的恋爱故事。清甜无核、口感好的圣女果所含有的谷胱甘肽和番茄红素能增强人体抵抗力，延缓人的衰老。与柔嫩的抗氧化蔬菜西蓝花和味如鸡丝、脆似玉兰的舞菇搭配，营养丰富、口感清脆。

材料 Ingredient

西蓝花	200克
舞菇	130克
圣女果	80克
蒜片	10克

调料 Seasoning

香油	1大匙
盐	1/4小匙
糖	少许

做法 Recipe

1. 西蓝花切小朵后洗净；舞菇、圣女果洗净后切块。
2. 将做法1的西蓝花、舞菇放入沸水中氽烫后捞出、沥干水分。
3. 将做法2氽烫好的西蓝花和舞菇放入容器，加入蒜片、做法1的圣女果和所有调料一起拌匀即可。

粒粒皆有情

素香菇炸酱

素炸酱中的干香菇蒂纤维多，口感扎实，加在炸酱中可取代肉类，增加口感和香气。干香菇蒂较硬，不易切成丁，所以也要放入食物调理机中搅成泥状后再使用。这道没有肉的素料理，其香味与口味一点却不输荤菜。送给吃素人士的一个好选择。

材料 Ingredient

干香菇蒂	80克
豆干	100克
姜	30克
芹菜	50克

调料 Seasoning

色拉油	4大匙
豆瓣酱	2大匙
甜面酱	3大匙
细砂糖	1大匙
水	300毫升
香油	2大匙

做法 Recipe

1. 干香菇蒂泡水约30分钟，至完全软化后捞起沥干，放入调理机中打碎取出备用。
2. 豆干切小丁；姜和芹菜洗净切碎，备用。
3. 锅烧热，倒入色拉油，以小火爆香做法2的姜末及芹菜碎，加入做法1的香菇蒂碎炒至干香。
4. 续加入豆瓣酱及甜面酱略炒香后，加入细砂糖和水，煮至沸腾后改转小火续煮约5分钟至浓稠，最后再加入香油即可。

蘑菇的西式吃法

奶油野菇焗饭

奶油野菇焗饭，一道特色餐厅的人气料理。新鲜的菇类搭配嫩脆的西蓝花以及红、黄甜椒，再加入香浓的白酱、起司丝，口感丝滑嫩脆。包裹在起司丝下的各种食材在高温的蒸烤下，味道相互融合，令人唇齿留香。

材料 Ingredient

综合菇类	100克
洋葱末	20克
白饭	120克
起司丝	30克
西蓝花	30克
红甜椒丁	20克
黄甜椒丁	20克

调料 Seasoning

奶油	少许
奶油白酱	2大匙

做法 Recipe

1. 综合菇类洗净沥干备用。
2. 取平底锅，加入少许奶油，放入洋葱末、做法1的综合菇类炒香，加入奶油白酱和白饭拌匀，撒上起司丝。
3. 放入预热烤箱中，以上火250℃下火150℃烤约2分钟至表面呈金黄色。
4. 西蓝花洗净分切小朵状，烫熟沥干后，和黄、红甜椒丁一同放入做法3的奶油野菇焗饭上做装饰即可。

小贴士 Tips

- 综合菇类包括：鲜香菇、柳松菇、珍珠菇、杏鲍菇、袖珍菇、蘑菇。
- 蘑菇一切开或者受到损伤，表面就会氧化变成黑褐色，为了料理的美观可以先用冰盐水浸泡，这样可以减少蘑菇的氧化，也能保持蘑菇的口感。

食材特点 Characteristics

洋葱：洋葱肉质柔嫩，汁多辣味淡，适于生食。洋葱富含维生素C、尼克酸，它们能促进细胞间质的形成和受损细胞的修复，使皮肤光洁、红润而富有弹性，具美容作用。所含硫质、维生素E等，能阻止不饱和脂肪酸生成脂褐素，可预防老年斑。

夏天的味道

金针菇炒黄瓜

清爽的黄瓜配上嫩滑的金针菇，可谓是一道清新味十足的小菜。别有一番夏天的味道。炎热的夏天，吃上一口，心情也会变得格外好。此外黄瓜富含蛋白质、糖类、维生素B_2、维生素C、维生素E、胡萝卜素、尼克酸、钙、磷、铁等营养成分，它能平和除湿，收敛和消除皮肤皱纹，还能美白肌肤。

材料 Ingredient

金针菇	150克
茭白笋	1条
小黄瓜	1条
辣椒	1/2个
青葱	1根
香菜	少许

调料 Seasoning

油	约1大匙
味醂	1茶匙
盐	适量

做法 Recipe

1. 金针菇切去根部后洗净；茭白笋剥去外皮后洗净、切片备用。
2. 辣椒洗净、切长片；青葱洗净、切段；小黄瓜洗净、对切后切长片，备用。
3. 热锅，倒入约1大匙油烧热，先放入做法2的辣椒片和青葱段爆香，再放入做法1的茭白笋片、做法2的小黄瓜片以中火炒香。
4. 于做法3锅内加入做法1的金针菇、味醂和盐一起拌炒均匀，盛盘，再加入香菜做装饰即可。

鸡柳的香菇情

香菇炒鸡柳

鸡肉肉质细嫩、滋味鲜美，无论热炒、凉拌，还是炖汤、煎炸皆可烹出令人垂涎的佳肴。这一次，将鸡柳与香菇配搭一起炒制，烹出一道香溢四射的营养料理。香菇富含维生素与鸡肉配搭，营养相宜，且鸡柳经过先煎后炒的制作手法，更容易突显风味。

材料 Ingredient

去骨鸡腿	200克
鲜香菇	150克
姜末	1/2茶匙
蒜苗	少许

调料 Seasoning

油	适量
盐	1/2茶匙
糖	1/4茶匙

腌料 Marinade

盐	1/2茶匙
太白粉	1茶匙
米酒	1/2茶匙
胡椒粉	1/4茶匙
糖	少许

做法 Recipe

1. 去骨鸡腿肉洗净切成条状，加入所有腌料，静置15分钟。
2. 鲜香菇去蒂后洗净切成条状，蒜苗切片，洗净后备用。
3. 取锅加入1/5锅油烧热，放入做法1腌好的鸡柳炸2分钟，捞起沥干，并将油倒出，留少许油。
4. 重新加热做法3的锅子，放入姜末略炒，再加入做法2的鲜香菇条，以小火炒至软，加入剩余调料、蒜苗片与做法3炸过的鸡柳，以大火快炒1分钟即可。

麻辣一锅香

干锅柳松菇

柳松菇味鲜美、质地脆嫩，是高蛋白、低脂肪、低糖分的保健食品，是一种纯天然无公害保健食用菌。在干辣椒、蒜片、姜片、蒜苗、芹菜的搭配下，经过高温的烹制，各种食材的香味弥漫在口腔中，纷纷争抢味蕾的喜爱。尤其柳松菇的脆嫩口感，让舌尖停不下来。

材料 Ingredient

柳松菇	220克
干辣椒	3克
蒜片	10克
姜片	15克
芹菜	50克
蒜苗	60克

调料 Seasoning

蚝油	1大匙
辣豆瓣酱	2大匙
细砂糖	1大匙
米酒	30毫升
水	80毫升
太白粉水	1大匙
香油	1大匙

做法 Recipe

1. 柳松菇切去根部洗净；芹菜切小段洗净；蒜苗切片洗净，备用。
2. 热油锅至约160℃，柳松菇下油锅炸至干香后起锅沥油备用。
3. 做法2锅中留少许油，以小火爆香姜片、蒜片、干辣椒，加入辣豆瓣酱炒香。
4. 再加入柳松菇、芹菜及蒜苗片炒匀，放入蚝油、加入细砂糖、米酒及水，以大火炒至汤汁略收干，以太白粉水勾芡后洒上香油，盛入砂锅即可。

食材特点 Characteristics

柳松菇：又称茶树菇，其盖嫩柄脆，味纯清香，口感极佳。它含有丰富的B族维生素、氨基酸以及多种矿物质元素等营养物质。中医认为此菇具有补肾、利尿、渗湿、健脾、止泻等功效，它是高血压、心血管疾病和肥胖症患者的理想食品。

辣得就是够味

香辣菇

口感鲜嫩、味道清香、营养丰富的杏鲍菇与口感营养相似的黑珍珠菇，在干辣椒、蒜末、葱段、花椒的调味下，烹制成一道辣得够味，味道极鲜美的料理。这两种菇类食材不仅美味，还具有极好的保健功效——抗癌、降血脂、润肠胃、美容。

材料 Ingredient

黑珍珠菇	120克
杏鲍菇	80克
干辣椒	3克
蒜末	10克
葱段	50克
花椒	2克

调料 Seasoning

酱油	3大匙
细砂糖	2大匙
绍兴酒	30毫升
香油	1大匙

做法 Recipe

1. 黑珍珠菇切去根部洗净；杏鲍菇切粗条洗净，备用。
2. 热油锅至约160℃，黑珍珠菇及杏鲍菇下油锅炸至干香后起锅沥油备用。
3. 做法2锅中留少许油，以小火爆香蒜末、葱段、干辣椒及花椒。
4. 加入黑珍珠菇及杏鲍菇炒匀后，放入酱油、细砂糖、绍兴酒，以大火炒至汤汁略收干，洒上香油即可。

食材特点 Characteristics

干辣椒：一种常用的调料。它含有丰富的维生素C、β—胡萝卜素、叶酸、镁及钾；尤其辣椒中的辣椒素具有抗炎及抗氧化作用。它不仅有助于降低患心脏病的风险还能减少一些随年龄增长而出现的慢性病的风险。

花椒：性温、味辛。具有健胃除湿、止痛杀虫、解毒理气、止痒去腥的功效。同时还能有效缓解积食停饮、心腹冷痛、呕吐、噫呃、咳嗽气逆、风寒湿痹、痢疾、疝痛、牙痛等症状。

菇菇的盛宴

寿喜鲜菇

寿喜鲜菇集合了香气沁人，营养丰富，高蛋白、低脂肪的鲜香菇；味鲜美、质地脆嫩，富含蛋白质和氨基酸的柳松菇；清香柔滑、脆嫩爽口的珍珠菇；口感似鲍鱼，有着独特杏仁香味的杏鲍菇；低脂、低淀粉的袖珍菇……6种菇类食材汇成一道菇菇的盛宴。这是一道味道鲜美、热量低、营养高的保健料理。

材料 Ingredient

综合菇类	400克
西红柿	1/2颗
洋葱	1/2颗
青葱	3根

调料 Seasoning

奶油	15克
色拉油	适量
酱油	50毫升
米酒	50毫升
水	150毫升
糖	15克

做法 Recipe

1. 综合菇类洗净切片；西红柿洗净切瓣状；洋葱洗净去皮切丝；青葱洗净切段，备用。
2. 所有调料（奶油、色拉油除外）混合均匀备用。
3. 热锅，倒入适量的色拉油润锅，再放入奶油烧至溶化，放入做法1的所有材料炒香，再放入做法2的调料煮熟即可。

小贴士 Tips

- 综合菇类包括：鲜香菇、柳松菇、珍珠菇、杏鲍菇、袖珍菇、蘑菇。

食材特点 Characteristics

袖珍菇：袖珍菇是一种营养高，热量低的健康食品。长期食用有降低高血压和降低胆固醇含量的功效。因其含脂肪与淀粉少，所以是糖尿病病人和肥胖症患者的理想食品。

珍珠菇：珍珠菇因菌盖表面有黏液而得名，其外观亮丽、味道鲜美，珍珠菇口感极佳，具有滑、鲜、嫩、脆的特点。它富含粗蛋白、脂肪、碳水化合物、粗纤维、钙、磷、铁、B族维生素、维生素C、烟酸和人体所必须的各种氨基酸。

被面粉包围的滋味

炸香菇

炸香菇跟日本料理的天妇罗相似，都是用面粉包裹着相应食物，于油锅里炸一会，就成了一道香酥美味的小菜。香菇鲜美、香软的口感，在面粉包围下，成了一道唤醒味蕾的惊艳小料理，给了舌头大大的惊喜。

材料 Ingredient

鲜香菇	200克

调料 Seasoning

胡椒盐	适量
脆浆粉	1碗
水	1.5碗
色拉油	1大匙

做法 Recipe

1. 鲜香菇切去蒂，略洗沥干备用。
2. 脆浆粉分次加入水拌匀，再加入色拉油搅匀。
3. 将做法1的香菇表面沾裹适量做法2的脆浆，放入约120℃的热油中，以小火炸3分钟，改转大火炸30秒后捞出沥油。食用时再撒上胡椒盐即可。

一卷不成春

香菇炸春卷

色泽金黄，皮脆肉嫩，味道鲜咸，清香爽口，才是最具吸引力的春卷。这一款春卷的特别之处在于使用了鲜香菇，香菇的高蛋白、低脂肪、多糖、多种氨基酸和多种维生素等营养物质，让其营养与口感升级。

材料 Ingredient	
猪绞肉	100克
鲜香菇	10朵
蒜仁	2颗
红辣椒	1/2个
韭菜	60克
春卷皮	6张

调料 Seasoning	
色拉油	适量
酱油	1小匙
香油	1小匙
太白粉	1小匙
盐	少许
白胡椒粉	少许

做法 Recipe

1. 鲜香菇去蒂洗净，再切成小丁状；蒜仁、红辣椒洗净切碎；韭菜洗净切碎，备用。
2. 取一个炒锅，先加入1大匙色拉油烧热，放入猪绞肉炒至肉变白，再加入做法1的材料，以中火炒香。
3. 续于做法2中加入剩余调料翻炒均匀，再盛起放凉，备用。
4. 将做法3炒好的材料放在春卷皮上，慢慢地将春卷皮包卷起来，放入180℃的油锅中，炸至表面呈金黄色即可。

美味"黄金片"

酥扬杏鲍菇

杏鲍菇菌肉肥厚，质地脆嫩，特别是菌柄组织致密、结实、乳白，可全部食用，且菌柄比菌盖更脆滑、爽口。它有着如鲍鱼的口感。适合炒、烧、烩、炖、做汤。炸杏鲍菇外酥里嫩、味道鲜美，让舌头停不下来。杏鲍菇能祛脂降压，降低胆固醇，还能消食，提高免疫力。

材料 Ingredient

A:

杏鲍菇	100克
秦椒	2个
低筋面粉	适量

B:

脆浆粉	50克
色拉油	1小匙
水	80毫升

调料 Seasoning

胡椒盐	适量

做法 Recipe

1. 杏鲍菇切厚长片状；秦椒划开去籽；材料B混合均匀成酥浆糊，备用。
2. 将做法1的杏鲍菇沾裹上薄薄的低筋面粉，再裹上酥浆糊。
3. 热油锅，倒入稍多的油，待油温至180℃，放入做法2的杏鲍菇炸至酥脆，再放入秦椒过油稍炸。
4. 取出沥油后盛盘，撒上胡椒盐即可。

甜蜜蜜，吃得很甜蜜

蜜汁烤杏鲍菇

杏鲍菇肉质肥厚，口感鲜嫩，味道清香，营养丰富，还具有特殊的杏仁香味，口感如鲍鱼，经过香油、黑胡椒等调料的腌制，在高温的烧烤下，烹制成一道吃在口里，甜在心底的料理，尤其是撒上白黑芝麻，更增添一丝非同一般的风味。

材料 Ingredient

杏鲍菇	3根
熟白芝麻	适量

调料 Seasoning

酱油	1大匙
砂糖	1大匙
香油	1小匙
味醂	1小匙
盐	少许
黑胡椒粉	少许
水	2大匙

做法 Recipe

1. 杏鲍菇洗净、切直片状，再放入所有调料中拌匀，腌渍约10分钟，备用。
2. 将做法1腌渍好的杏鲍菇放入预热好的烤箱，以200℃烤约10分钟，至杏鲍菇表面微干。
3. 将做法3烤好的杏鲍菇片取出，撒上熟白芝麻即可食用。

小贴士 Tips

- 将杏鲍菇切成适当的片状，在烤前先将杏鲍菇腌渍过，就能简单调理出好味道。

盛开在餐桌上的金色珊瑚

酥炸金针菇

金针菇较细，酥炸后有特酥口感。酥炸金针菇的色泽，好像那一支一支的金色珊瑚盛开在餐盘里，让人恍惚间有一种畅游海底的错觉。夹一块入口，香酥的外壳裹着清香甘甜的金针菇，除了口味之外更体会了几分趣致。

材料 Ingredient

金针菇	1把
四季豆	10根
胡萝卜	少许

调料 Seasoning

盐	少许
白胡椒	少许

炸粉 Fried Flour

脆炸粉	100克
水	适量

做法 Recipe

1. 将金针菇洗净，再将蒂头切除；四季豆去头尾洗净；胡萝卜洗净切小条，备用。
2. 炸粉材料和调料搅拌均匀成粉浆，再静置约10分钟，备用。
3. 最后将做法1的金针菇、四季豆和胡萝卜条均匀地沾裹上做法2的粉浆，再放入约180℃油锅中，炸至金黄酥脆状，再捞起沥油即可。

食材特点 Characteristics

金针菇：它既是一种美味食品，又是较好的保健食品，它富含B族维生素、维生素C、碳水化合物、矿物质、胡萝卜素、多种氨基酸、植物血凝素、多糖、牛磺酸、香菇嘌呤、麦冬甾醇等营养物质。

白胡椒：它含有一定量的芳香油、粗蛋白、淀粉及可溶性氮，具有去腥、解油腻、助消化的作用，其芳香的气味能令人们胃口大开，增进食欲；白胡椒的味道相对黑胡椒来说更为辛辣，因此其散寒、健胃功能更强。

怎一个鲜字了得

蛤蜊蒸菇

集高蛋白、高微量元素、高铁、高钙、少脂肪于一身的蛤蜊，其肉质鲜美无比。“吃了蛤蜊肉，百味都失灵”，蛤蜊就是这么俘获人的味蕾。搭配口感细腻、味道鲜美的松茸菇，怎一个鲜字了得。

材料 Ingredient

松茸菇	100克
金针菇	50克
蛤蜊	150克
姜丝	5克

调料 Seasoning

A:

奶油丁	10克
米酒	1大匙
鸡粉	少许
盐	少许

B:

细黑胡椒粒	少许

做法 Recipe

1. 松茸菇、金针菇、蛤蜊洗净，放入有深度的容器中，加入姜丝、奶油丁、米酒、鸡粉、盐。
2. 取电锅，外锅倒入2杯水，按下开关至产生水蒸气，再放入做法1蒸至熟。
3. 取出撒上细黑胡椒粒即可。

小贴士 Tips

- 蒸鲜菇的时候要等锅中的水沸腾，产生水蒸气再放入，这样一来温度够高就不用蒸太久而让食材显得软烂，且也较能保持食材本身的色泽。

陪伴才是最长情的告白

肉酱蒸菇

细粒的肉末被浇在黑珍珠菇上，注定会开启肉末与黑珍珠菇的美味情缘。当黑珍珠菇的清香柔滑、脆嫩爽口与肉末的柔软口感同时跳跃在舌尖上，给人一种难以言语的美味。此外这道料理还具有调气平肝、止咳化痰的功效。低热量、低脂肪的特性让这道料理具有一定的保健功效。

材料 Ingredient

黑珍珠菇	150克
猪绞肉	80克
蒜末	15克
香菜	少许

调料 Seasoning

A:

油	1大匙
辣椒酱	20克
米酒	1大匙
盐	少许
酱油	少许
糖	1/4小匙

B:

水	150毫升
太白粉水	适量

做法 Recipe

1. 热锅后加入1大匙油，再放入蒜末爆香。
2. 续放入猪绞肉炒散且炒至肉变白，加入剩余调料A炒香后再加入水煮沸。
3. 续加入太白粉水勾芡成肉酱，盛起备用。
4. 黑珍珠菇洗净去蒂头后放入电锅内锅，再将做法3的肉酱铺上，外锅加1/2杯水，按下开关煮至开关跳起，焖5分钟后，放上香菜即可。

小贴士 Tips

- 如果觉得自己做肉酱太麻烦，可以去菜市场购买现成的肉酱罐头，虽然风味比起新鲜的略差，但也不失一道下饭的料理。

与舌尖藕断丝连

茄汁肉酱焗烤杏鲍菇

当茄汁肉酱与起司、杏鲍菇相遇，注定会演绎一段与舌尖藕断丝连的情缘。没有吃过这道料理的人，从未想过茄汁肉酱与起司、杏鲍菇可以如此完美的相遇，制造出这么一种让人垂涎三尺的美味，让舌尖留恋。香软、嫩脆、细腻柔滑……交织着舞动味蕾。

材料 Ingredient

杏鲍菇	200克
起司丝	30克

调料 Seasoning

茄汁肉酱	2大匙

茄汁肉酱材料

牛绞肉	300克
猪绞肉	300克
番茄酱	340克
蒜碎	10克
洋葱碎	50克
西芹碎	50克
胡萝卜碎	30克
月桂叶	1片
红酒	250毫升
牛高汤	2000毫升
橄榄油	1大匙
盐	适量
胡椒粉	适量

做法 Recipe

1. 杏鲍菇洗净沥干，纵向切厚片，和调料混合拌匀，装入容器中。
2. 撒上起司丝，放入已预热的烤箱中，以上火200℃下火150℃烤约10分钟至表面呈金黄色泽即可。

小贴士 Tips

- 茄汁肉酱做法：1.取一深锅，倒入橄榄油加热后，放入蒜碎以小火炒香，再放入洋葱碎炒至软化，再放入西芹碎及胡萝卜碎炒软。2.于做法1的锅中放入牛绞肉、猪绞肉炒至干松后，放入月桂叶、红酒以大火煮沸让酒精蒸发。3.转小火，放入番茄酱、牛高汤继续熬煮约30分钟至汤汁收至约为2/3量时，再加盐、胡椒粉调味即可。

食材特点 Characteristics

橄榄油：在西方被誉为“液体黄金“。它富含丰富的不饱和脂肪酸，即油酸及亚油酸、亚麻酸，还有维生素A、B族维生素、维生素D、维生素E、维生素K及抗氧化物等营养物质。有着天然保健功效、美容功效和理想的烹调用途。

高纤五谷杂粮
让你健健康康

五谷补五脏，美味更养生！养肝的高粱、润肺的大米、补脾的黄豆、补肾的黑豆、补心的红豆……每一种杂粮都有其独特的滋补保健功能。经常食用五谷杂粮不仅能均衡饮食，更能起到调节健康的作用。除此之外，五谷杂粮还有排毒减肥、美容养颜、抗癌保健等功效。想要自己健康美丽，那就多尝试做一些不同的五谷料理来满足你的胃与爱美的欲望吧。

我为健康代言

五谷胚芽饭

胚芽米是人类的营养源，它含有维生素B_1、维生素E。一个人如果长期以大米饭为主食，容易缺乏维生素B_1，造成精神萎靡、头晕、手脚麻木、脚气等。而维生素E具有抗氧化作用，可预防老化、维持生殖功能。另外常食用胚芽米，会使人的皮肤比过去更细腻、润滑、富有弹性，这是爱美女性的天然补品。

材料 Ingredient

五谷米	1杯
胚芽米	1/3杯
水	1.5杯

做法 Recipe

1. 将胚芽米、五谷米泡水5~6小时后备用。
2. 做法1的胚芽米、五谷米洗净后沥干。
3. 五谷米和胚芽米混合后放入电锅内锅中，加入水。
4. 将做法3的电锅内锅放入电锅中，于外锅加入1.5杯水（分量外），按下开关，煮至开关跳起后再焖约20分钟即可。

小贴士 Tips

- 全谷类的食物可以提供较高的膳食纤维，多摄取可减少因为高蛋白、高油脂饮食所造成的便秘等问题。

最佳瘦身主食

五谷饭

爱吃米饭又想瘦身怎么办，那就让五谷饭来实现瘦身的目标。五谷饭中的膳食纤维，能令人产生饱腹感，减少食欲。其次五谷中的糙米可以调节不饱和脂肪酸，加强肠道蠕动，预防便秘和肠癌；也是一种天然的利尿剂，能促进新陈代谢，排除体内过剩的养分及毒素。

材料 Ingredient

五谷米	300克
大米	50克
圆糯米	50克
水	400毫升

做法 Recipe

1. 五谷米洗净，泡水约6小时后沥干；大米、圆糯米洗净沥干，备用。
2. 将做法1的五谷米、大米和圆糯米放入电锅内锅中，加入水，再于电锅外锅加入2杯水，盖上锅盖，煮至开关跳起，续焖5~10分钟即可。

锁住你的胃

坚果黑豆饭

被称为“肾之谷”的黑豆，内含丰富的蛋白质、多种矿物质和微量元素。它凭借高蛋白低热量与美容养颜的特性在饮食界受宠。当与“养生之宝”的核桃和滋润皮肤、延年益寿的松子搭配，营养自动升级。在煮饭之前，先将松子、核桃的香味炒了出来，令这款坚果黑豆饭香味四溢。

材料 Ingredient

大米	100克
红米	30克
水	1.8杯
黑豆	20克
松子	15克
胡桃	15克
核桃	15克

调料 Seasoning

香油	1小匙
盐	1小匙

做法 Recipe

1. 大米洗净，浸泡清水10~15分钟，沥干备用；红米略洗浸泡2~3小时，沥干备用。
2. 黑豆洗净沥干，放入干锅中以小火拌炒至香味散出，且表皮略为爆开，取出备用。
3. 再将核桃、胡桃切丁，与松子一起入干锅中拌炒至香味散出，取出备用。
4. 将做法1、2、3的所有材料、香油、盐与水放入电锅中，按下煮饭键煮至开关跳起，翻松材料再焖10~15分钟即可。

不能说的八宝秘密

八宝养生饭

红豆、绿豆、薏仁、雪莲子、桂圆肉、花生仁……这些材料都是健康美容佳品，尤其豆类的好处多多。它们营养价值可以与肉类媲美，却没有肉类所含的胆固醇，就连脂肪也是不饱和脂肪酸，女性们再也不用担心吃了它们会长胖。

材料 Ingredient

A:

红豆	35克
绿豆	25克
薏仁	30克
薏仁	30克
雪莲子	30克
花生仁	30克
糙米	100克

B:

圆糯米	100克

C:

桂圆肉	50克
米酒	50毫升
水	380毫升

做法 Recipe

1. 鲜桂圆洗净沥干，加入米酒拌匀，浸泡备用。
2. 材料A加水洗净，浸泡约6小时后沥干，备用。
3. 圆糯米洗净，沥干，备用。
4. 将做法2、3的材料放入电锅内锅中，加入水和做法1的桂圆肉。
5. 做法4的内锅放入电锅中，于外锅加入2杯水，盖上锅盖，煮至开关跳起后续焖约10分钟。

牛蒡芝麻饭

五谷米、牛蒡在鸡粉、香油、芝麻的调味下入锅，随着温度的升高，其内的醇香阵阵扑鼻而来，连不爱吃米饭的你都想尝一口这种香味的饭。芝麻与牛蒡具有抗衰老之效，不仅让人吃得香，还能让人吃得健康。芝麻还具有养血的功效，可以令干枯、粗糙的皮肤变得细腻光滑、红润光泽。

材料 Ingredient

五谷米　300克
牛蒡　100克
水　300毫升
白芝麻　适量

调料 Seasoning

盐　1/2小匙
鸡粉　少许
香油　少许

做法 Recipe

1. 五谷米洗净后浸泡于冷水中6~8小时，捞出沥干水分，备用。
2. 牛蒡洗净去皮，切丝，备用。
3. 取做法1的五谷米和做法2的牛蒡丝，倒入水拌匀后放入电锅蒸熟，熟透时趁热加入白芝麻和所有调料拌匀，盖上锅盖续焖约5分钟即可。

红豆的一番美意

红豆薏仁饭

看着一粒粒被红豆染色的米粒，忍不住想要把它们送入嘴里轻轻咀嚼。红豆的豆心沙软与米粒的香软，嚼出另一番滋味。红豆含有丰富的铁质，常吃能补血活血，使人气色红润，还能清热解毒，健脾益胃。薏仁的保健美容作用也俘获了不少女性的心，它含有的纤维质是五谷类中最高的，低脂低热量，是减肥的最佳主食。薏仁还能消除面部各种斑点，也是保持皮肤细腻光滑的好帮手。

材料 Ingredient

红豆	40克
薏仁	40克
大米	100克
水	180毫升

做法 Recipe

1. 红豆用冷水（材料外）浸泡约4小时，至涨发后捞起沥干水分备用。
2. 将大米、薏仁洗净沥干水分，放入锅中，再加入水与做法1的红豆一起拌匀后，放入电锅中，按下煮饭键煮至熟即可。

清热降火好帮手

绿豆薏仁

薏仁、绿豆具有利尿、改善水肿的效果。而薏仁本身有美白作用，可以减少脸上斑点的产生，还能帮助减少皱纹以及嫩肤之功效；而绿豆的解毒效果，可以使体内毒素尽快排出。这款饭是清热降火的好帮手，夏季主食的最佳选择。绝对适合口干热燥、爱长痘痘的人食用。

材料 Ingredient

绿豆	100克
薏仁	200克
水	300毫升

做法 Recipe

1. 将有瑕疵的绿豆挑除，洗净后泡水约5小时，再捞起沥干。
2. 薏仁洗净，泡水约3小时，再沥干水备用。
3. 将做法1、2的材料和水放入电锅内锅中，再于电锅外锅加入2杯水，盖上锅盖，煮至开关跳起，续焖5~10分钟即可。

红枣桂圆的珍贵

桂圆红枣饭

桂圆红枣饭具有补血安神、开胃健脾的作用，尤其适合贫血的女性孕前食用。这款饭的色泽十分艳丽，大枣红似火，桂圆肉透明富有光泽，米饭雪白味鲜香。风味独特，食之令人胃口大开，欲罢不能。

材料 Ingredient

桂圆肉	60克
胚芽米	200克
薏仁	100克
米酒	50毫升
红枣	10颗
水	360毫升

做法 Recipe

1. 桂圆洗净沥干，加入米酒拌匀，浸泡备用。
2. 胚芽米、薏仁各洗净泡水3小时；红枣洗净。
3. 将做法1、2的材料放入电锅内锅中，再加入水。
4. 做法3的内锅放入电锅中，于外锅加入2杯水，煮至开关跳起后续焖约10分钟即可。

小粥蕴含大健康

小米粥

我们常常被电视、杂志、网络等媒体宣传的保健产品所迷惑，殊不知最天然的保健品就在身边。小米就是最健康的天然保健品之一。小米粥号称“代参汤”，其铁、维生素B_1含量高，因此能滋阴养血。它还具有开胃养胃、安神、防止消化不良及口角生疮等功效。看似简单的一碗小米粥却蕴含着大健康。

材料 Ingredient

小米	100克
麦片	50克
水	1200毫升

调料 Seasoning

冰糖	80克

做法 Recipe

1. 小米洗净，泡水约1小时后沥干水备用。
2. 麦片洗净沥干水备用。
3. 将做法1、做法2放入电锅内锅中，加入水拌匀，外锅加入1杯水煮至开关跳起，继续焖约5分钟，再加入冰糖调味即可。

保健功效绝不粗糙

糙米饭

一提糙米，大多数人的反应是难吃，其实糙米饭色泽好味浓，仔细咀嚼的话味道浓烈，别有一番风味。糙米饭附有胚芽，大米却去掉了胚芽，才显得软嫩可口。糙米外表含有纤维、维生素，它不但能够矫正过食的习惯，亦能够辅助治疗便秘。

材料 Ingredient

糙米	300克
大米	100克
水	400毫升

做法 Recipe

1. 糙米洗净，泡水约5小时，再沥干水备用。
2. 大米洗净后沥干。
3. 将做法1、2的材料放入电锅内锅中，加入水，再于电锅外锅加入2杯水，盖上锅盖，煮至开关跳起，续焖5~10分钟即可。

天然降血压剂

荞麦红枣饭

荞麦中的芦丁能强化毛细血管，抑制血压上升，还能抗氧化，与荞麦多元酚一起能预防动脉硬化；荞麦所含的蛋白质能保护血管细胞、增强细胞活力；含有的钾有助于降血压。此外，荞麦还含有柠檬酸、草酸和苹果酸等其他谷物不含或少含的营养物质，尤其含有其他粮食稀缺的硒，具有有防癌之功效。

材料 Ingredient

荞麦	150克
薏仁	150克
大米	50克
红枣	10颗
水	350毫升

做法 Recipe

1. 荞麦、薏仁各洗净，泡水约3小时后沥干，备用。
2. 大米洗净沥干；红枣洗净。
3. 将做法1、2的材料放入电锅内锅中，再加入水。
4. 做法3放入电锅中，于外锅加入2杯水，煮至开关跳起后续焖5~10分钟即可。

流落于饭中的珍珠

栗子薏仁饭

金秋栗子能健肾补脾，爱吃栗子的你千万不要错过吃栗子的每个机会，这款饭的做法专为爱吃栗子的你准备的。清甜的栗子搭配甜而不腻的红枣以及能美白祛湿的薏仁，保健功效和营养不言而喻。

材料 Ingredient

栗子	80克
薏仁	100克
红枣	10颗
水	300毫升

做法 Recipe

1. 栗子洗净，泡水约6小时后去除多余的外皮，沥干水。
2. 红枣洗净，沥干；薏仁洗净，泡水约6小时后沥干，备用。
3. 将做法1、2的所有材料放入电锅内锅中，加入水。
4. 将做法3的内锅放入电锅中，于外锅加入2杯水，煮至开关跳起后续焖5~10分钟即可。

黑得有特色

黑豆发芽米饭

黑豆是一种高蛋白、低热量的食物，其中的花青素、维生素E都是很好的抗氧化剂。常食黑豆，能促进消化，软化血管，养颜美容，延缓衰老。发芽米与我们常吃的大米的区别在于它脱壳后仍保留着一些外层组织，如皮层、糊粉层和胚芽，常吃发芽米能够提高人体免疫功能，促进血液循环，并有降低脂肪和胆固醇的作用。

材料 Ingredient

黑豆	40克
发芽米	120克
水	160毫升

做法 Recipe

1. 黑豆用冷水（材料外）浸泡约4小时，至涨发后捞起沥干水分备用。
2. 将发芽米洗净沥干水分，放入电锅中，再加入水与做法1的黑豆，一起拌匀浸泡约30分钟后，按下煮饭键煮至熟即可。

粗“杂”淡饭

坚果杂粮饭

能预防高血压、强身健体的葵瓜子仁，能滋润皮肤、延年益寿的松子，能健脑益寿、补虚强体的核桃，能补益肝肾的亚麻仁和健脾利胃的高粱，搭配通便瘦身的糙米，既营养又保健。同时米饭的醇香混合着各种坚果的独特香味，坚果中所含的油脂也淡化了糙米的不细腻口感，令人唇齿留有余香。

材料 Ingredient

核桃	10克
松子	10克
高粱	20克
糙米	120克
亚麻仁	10克
葵瓜子仁	10克
水	120毫升

做法 Recipe

1. 高粱用水（材料外）浸泡约1小时涨发后沥干。
2. 再将糙米洗净后沥干水分。
3. 将做法1与2的材料及其余材料拌匀，放入电锅中加入水，浸泡30分钟。
4. 按下开关蒸至开关跳起，再焖10分钟即可。

红豆最相思

红豆饭

红豆富含维生素、蛋白质及多种矿物质，有补血养血、健脾养胃、利水除湿、清热解毒的功效，多吃可预防、辅助治疗脚肿，有减肥之效。一年四季老少皆宜，尤其适合夏季食用，对体弱多病的老人孩子非常适合，也是女性养血美容的佳品。

材料 Ingredient

蓬莱米	160克
圆糯米	240克
红豆	50克
水	800毫升
黑芝麻	适量

调料 Seasoning

盐	3克

做法 Recipe

1. 蓬莱米洗净，放置于筛网中沥干，静置30~60分钟；圆糯米洗净沥干备用。
2. 红豆浸泡于水中（分量外）至膨胀成二倍后，以大火煮至沸腾，倒除水分沥干，然后加入800毫升的水，再以大火煮至沸腾时马上熄火，并将红豆与汤汁过滤分开置放。
3. 将做法1的圆糯米倒入做法2的汤汁中，浸泡2小时。
4. 将做法3连豆汁一起放入电锅中，并加入做法1的蓬莱米，再加入做法2的红豆和盐略拌，按下煮饭键，煮至电锅跳起再充分翻动，并加入黑芝麻，最后焖10~15分钟即可。

大红大紫的神秘

紫米红豆饭

“米中极品”的紫米颜色紫黑，颗粒均匀，食味香甜，甜而不腻，搭配味道香甜的红豆以及具有美容保健功效的薏仁，不知不觉地让这锅大紫大红的紫米红豆饭暗藏了不少神秘的营养功效。因紫米的糯性与极香的味道，让吃饭的人停不下筷。

材料 Ingredient

紫米	20克
红豆	30克
薏仁	20克
大米	20克
水	120毫升

做法 Recipe

1. 紫米、红豆、薏仁皆洗净，泡水5~6小时；大米洗净沥干，备用。
2. 将做法1的紫米、红豆、薏仁沥干，和大米一起放入电锅内锅中，再加入水。
3. 做法2的内锅放入电锅中，于外锅加入1.5杯水，按下开关，煮至开关跳起后焖约5分钟即可。

藏在地下的健康

芋头地瓜饭

地瓜、芋头都是生长在地下的物质，适合体虚怕寒之人。芋头又是碱性食品，能中和体内积存的酸性物质，调整人体的酸碱平衡，还能起到美容养颜、乌黑头发的作用。同样地瓜也丝毫不甘示弱，地瓜的蛋白质质量高，可弥补大米、白面中的营养缺失。绵甜香糯的口感，时刻诱惑着你的舌头。

材料 Ingredient

芋头	40克
地瓜	40克
大米	140克
水	180毫升

做法 Recipe

1. 芋头、地瓜去皮洗净切小丁备用。
2. 大米洗净沥干水分，与做法1的芋头丁、地瓜丁一起放入电锅中，拌匀后再加入水，按下煮饭键煮至熟即可。

与舌尖共舞

活力蔬菜饭

糙米在清甜的黄色玉米粒、清脆爽口的芹菜丁、富含多种维生素脆脆的胡萝卜丁以及味道鲜美的圆白菜的调味下，糙米饭的味道不再单调，营养不再简单，绝对是一锅色香味俱全的饭。味鲜、清脆、爽口，让你舌尖跟着舞动起来。

材料 Ingredient

糙米	100克
芹菜	20克
圆白菜	40克
胡萝卜	30克
玉米粒	25克
水	120毫升

做法 Recipe

1. 圆白菜、芹菜洗净后切丁；胡萝卜去皮洗净切丁，备用。
2. 糙米洗净后沥干水分与做法1的材料及玉米粒放入电锅中加入水，浸泡30分钟后，按下开关蒸至开关跳起，再焖10分钟即可。

我是一碗美容饭

燕麦小米饭

“天然美容师”的燕麦含有燕麦蛋白、燕麦肽、燕麦β葡聚糖、燕麦油等成分，具有抗氧化、延缓肌肤衰老、美白保湿、减少皱纹色斑等作用。加上小米具有减轻皱纹、色斑、色素沉着的功效，令这碗米饭成了名副其实的美容饭。

材料 Ingredient

燕麦	40克
小米	40克
发芽米	80克
水	210毫升

做法 Recipe

1. 将燕麦、小米、发芽米一起洗净，放入内锅中。
2. 做法1中加入水浸泡约30分钟后，放入电锅中，外锅加1杯水，按下开关煮至跳起，再焖15~20分钟即可。

就爱田园饭

黄豆糙米菜饭

红色的胡萝卜、绿色的上海青、淡黄色的卷心菜以及糙米混合成了一碗具有清新田园风味的饭。蔬菜的清淡与爽口，会让你忽视糙米的不细腻口感。或许不爱吃蔬菜的你从此就爱上蔬菜，只因为这碗饭带给你的美好记忆。蔬菜加糙米的组合，营养高热量低，节食的你绝对不用担心发胖，放心地吃。

材料 Ingredient

糙米	200克
黄豆	50克
圆白菜	150克
上海青	50克
胡萝卜	50克
水	250毫升

调料 Seasoning

盐	1/2小匙
鸡粉	1/4小匙
香油	少许

做法 Recipe

1. 糙米洗净后浸泡于冷水中6~8小时，捞出沥干水分，备用。
2. 黄豆洗净后浸泡于冷水中6~8小时，捞出沥干水分，备用。
3. 圆白菜、上海青洗净切小块；胡萝卜洗净去皮后切丁，备用。
4. 取所有食材，倒入水拌匀后放入电锅蒸熟，熟透后趁热加入所有调料拌匀即可。

最强清热解毒饭

百合柿干饭

百合具有润燥清热之效，搭配能降压止血、清热润肠的柿干，让小米与大米的营养功效更强大。这款饭适合在夏秋交替的季节食用。而百合富含黏液质及维生素，对皮肤细胞新陈代谢有益，不仅可以清热解毒，还能美容养颜。

材料 Ingredient

干百合	50克
大米	160克
柿干	60克
水	220毫升
小米	30克

做法 Recipe

1. 干百合用冷水（材料外）浸泡约20分钟，至涨发后沥干水；柿干切小片，备用。
2. 将大米、小米洗净沥干水分，放入内锅中，再加入水、做法1的百合、柿干片一起拌匀，放入电锅中，按下煮饭键煮至熟即可。

莲子与百合的百年好合

莲子百合饭

百合是一种人气极高的滋补佳品，四季皆可食用，最宜于秋季食用。百合与莲子的搭配，是一种经典组合。它们润肺补气，春天食用能健脾，夏天食用能清热，秋天食用能去燥，冬天食用能滋润。

材料 Ingredient

蓬莱米	320克
薏仁	160克
新鲜百合	50克
新鲜莲子	50克
温水	600毫升

调料 Seasoning

盐	2克

做法 Recipe

1. 蓬莱米洗净，放置于筛网中沥干，静置30~60分钟；百合、莲子洗净备用。
2. 薏仁洗净沥干，放入电锅中加温水浸泡2小时备用。
3. 将做法1加入做法2中并加入盐略拌，按下煮饭键，煮至开关跳起后，再充分翻动，使米饭吸水均匀，最后焖10~15分钟即可。

麦片独爱长糯米

麦片饭

长糯米富含B族维生素，能温暖脾胃，补益中气，对脾胃虚寒、食欲不佳、腹胀腹泻有一定缓解作用，故有“糯米粥为温养胃气妙品”之美誉。尤其它的那种香糯黏滑的口感，让舌尖久久不能忘怀，这也是麦片独爱它的缘由。麦片虽然营养成分高、质量优，也被人们奉为优质的天然保健品，但是其口感并不一定能俘获一些人的舌尖。想要挽留更多人的舌尖宠爱，唯独与长糯米携手。

材料 Ingredient

长糯米	300克
麦片	240克
雪莲子	20克
温水	700毫升

调料 Seasoning

盐　3克

做法 Recipe

1. 长糯米洗净沥干，放入电锅中与700毫升的温水一起静置约2小时备用。
2. 雪莲子洗净泡水至膨胀备用。
3. 将麦片略用水冲洗一下，和做法2、盐一起放入做法1中略拌。
4. 按下电锅的煮饭键，煮至开关跳起后，再掀盖将米饭充分翻动，使米饭吸水均匀，最后再焖10~15分钟即可。

吃出白里透红的肌肤

花生黑枣饭

号称“营养仓库”的黑枣，具有补肾与养胃的功效，其最大的营养价值是在于它含有丰富的膳食纤维与果胶，可以帮助消化和软便，身体通畅了，健康自然来了。而花生的营养也毫不逊色，其所含有的儿茶素、赖氨酸有抗衰老之效；脂肪和蛋白质能滋补气血；钙含量极高。让花生、黑枣陪米饭一起下肚，人自然会白里透红，与众不同。

材料 Ingredient

大米	200克
花生	60克
薏仁	50克
黑枣	6颗
水	400毫升

做法 Recipe

1. 花生、薏仁洗净，泡水约5小时后洗净沥干水，备用。
2. 做法1的花生和薏仁放入电锅内锅中，加入水和黑枣，放入电锅。
3. 于外锅加入2杯水，盖上锅盖，煮至开关跳起，焖约10分钟即可。

五谷的激动

排骨五谷米饭

无肉不欢的你，看见这款加入排骨的杂粮饭，应该会激动。这款饭因为排骨的加入，反而中和了五谷饭带给舌尖的不细腻感，因为鸡肉鲜美的滋味以及细嫩的口感，米的醇香得以升华，唤醒你沉睡已久的味蕾。

材料 Ingredient

排骨	200克
五谷米	100克
圆白菜苗	30克
水	120毫升

做法 Recipe

1. 五谷米洗好泡约40分钟；排骨洗净切大块。
2. 内锅放入五谷米、排骨块和水，放入电锅中，外锅加入1杯水，按下开关，煮至开关跳起。
3. 再放入圆白菜苗焖约2分钟即可。

春天的华尔兹

茶油香椿饭

号称“树上蔬菜”的香椿香味浓郁、营养丰富，为宴宾之名贵佳肴。香椿虽好，可不是每个人对它的香味都能适应。爱吃的人，肯定食之不厌。将它与大米、松子、茶油搭配，独特的香味更加浓郁,百吃不厌。香椿具有抗衰老、补阳滋阴、健脾开胃、增加食欲等功效，是一种天然滋养佳品。茶油香椿饭仿佛在舌尖跳了一曲春天的华尔兹，让人心旷神怡。

材料 Ingredient

白饭	1碗
香椿叶	10克
姜末	5克
松子	5克

调料 Seasoning

茶油	2小匙
盐	1/5小匙

做法 Recipe

1. 香椿叶洗净，沥干后切细末。
2. 茶油跟姜末炒香后加入做法1的香椿叶末，随即放入白饭翻炒。
3. 接着放入松子拌炒均匀后，再加入盐调味拌匀即可。

饭包不住的虾尾

鲜虾杂粮饭团

饭团让人着迷的魅力莫过于那种手工制作的享受感。将食材一点点地亲手打造成漂亮的美食艺术品，这时的食物不仅仅只是食物，它蕴含了制作者的满满爱心，把爱藏在食物里送给最爱的人。这款鲜虾杂粮饭团，因为加入了杂粮、海苔、鲜虾，鲜美味道更浓热量低，让人吃得健康、吃得放心。

材料 Ingredient

五谷米	100克
大米	50克
水	200毫升
肉松	适量
鲜虾	6只
海苔片	适量

调料 Seasoning

细砂糖	1/2大匙
寿司醋	1/2大匙

做法 Recipe

1. 五谷米洗净后浸泡于冷水中6~8小时，捞出沥干水分，备用。
2. 大米洗净沥干水分，放入内锅中，加入做法1五谷米和水拌匀，放入电锅中蒸熟即为五谷饭，备用。
3. 将刚煮好的五谷饭加入所有调料拌匀，备用。
4. 鲜虾从虾背以牙签挑出肠泥，放入滚沸的水氽烫至熟，捞出沥干水分后去壳，备用。
5. 取做法3五谷饭分为6等份，依序包入肉松和做法4虾仁，整型成三角形后贴上海苔片即可。

过个丰盛的端午节

杂粮养生粽

杂粮养生粽集合了营养丰富的五谷米、香糯黏滑的圆糯米、低热量味道极佳的素肉与素火腿、口感鲜嫩的杏鲍菇、爽口鲜美的花菇、香甜的地瓜以及益气补脾的栗子，让粽子的糯米用量减少，从而减少了黏腻感。多种原料的加入，其风味多样，清香、鲜美、香甜……色香味俱全，营养丰富，绝对会让端午节过得丰盛。

材料 Ingredient

五谷米	300克
圆糯米	300克
姜末	30克
皮丝（素肉）	100克
杏鲍菇	160克
花菇	10朵
素火腿	80克
地瓜	120克
干栗子	10颗
水	350毫升
桂竹叶	10片
麻竹叶	10片
棉绳	10条

调料 Seasoning

A:

橄榄油	2大匙
酱油	1/2大匙
盐	1/2小匙
香菇粉	1/2小匙
细砂糖	少许
白胡椒粉	少许

B:

橄榄油	适量
酱油	2大匙
盐	少许
细砂糖	少许
白胡椒粉	少许

做法 Recipe

1. 五谷米洗净后浸泡于冷水中约8小时，捞出沥干水分，备用。
2. 圆糯米洗净后沥干水分，浸泡于冷水中约5小时，捞出沥干水分，备用。
3. 在蒸笼内铺上棉布，倒入做法1五谷米和做法2圆糯米拌匀，盖上蒸笼盖以大火蒸煮30~40分钟，备用。
4. 热锅倒入2大匙橄榄油，加入姜末15克爆香，放入水150毫升和剩余调料A煮至滚沸后熄火，加入做法3蒸熟的五谷糯米饭拌匀，备用。
5. 皮丝浸泡于冷水中至软化，切小块后汆烫约5分钟，捞出沥干水分；杏鲍菇、素火腿切块；花菇浸泡于冷水中至软化，备用。
6. 地瓜去皮切小块，入油锅炸至上色且熟透；干栗子浸泡于冷水中至软化，放入电锅蒸熟，备用。
7. 热锅倒入橄榄油，放入做法5素火腿块炒香后取出备用，以锅中余油爆香姜末15克，加入做法5杏鲍菇块、花菇炒香，再加入皮丝块、做法6栗子、水200毫升以及剩余调料B煮至滚沸，再改小火煮至汤汁收干，备用。
8. 取桂竹叶和麻竹叶，修剪头尾后泡入热水中洗净，捞出拭干备用。
9. 各取1片桂竹叶和麻竹叶，相叠并折成三角椎状，放入少许做法4五谷糯米饭，加入地瓜块、鲍菇块、花菇、皮丝块、素火腿块以及栗子，再盖上五谷糯米饭，并把肉粽包成立体三角形，中间用绵绳系住；依序包完10颗粽子，将包好的粽子放入水已滚沸的蒸笼，以大火蒸约20分钟即可。

3
9-1
9-2
9-3 9-4

黑豆无处可逃

五谷黑豆饭团

五谷杂粮纤维素与矿物质是普通大米的数倍，而膳食纤维、维生素A、维生素B_1、维生素B_2、维生素C、维生素E以及钙、钾、铁、锌等元素含量更丰富，因此几乎能够提供人体必需的大多数营养素，是饮食中的基石。许多五谷杂粮拥有大量能降低胆固醇、预防心血管等疾病的不饱和脂肪酸。搭配质地脆嫩、入口即化的海苔以及营养丰富的黑豆，营养美味兼有，让吃货停不下来。

材料 Ingredient

五谷米	1杯
大米	3杯
黑豆	50克
水	4杯
海苔	8片

调料 Seasoning

味醂	1小匙

做法 Recipe

1. 黑豆、五谷米洗净，泡水约3小时后沥干；大米洗净沥干，放置30~60分钟，备用。
2. 将做法1的所有材料，加入水、味醂混合，放入电锅中煮熟成饭，备用。
3. 取出做法2的饭，充分搅拌均匀，再取适量捏紧成饭团，可依喜好再裹上海苔即可（饭团造型可依个人喜好作变化）。

虾与肉混合的美味

什锦燕麦炒饭

肉质松软、鲜嫩而低热量的虾仁与猪瘦肉、素中之王的脆口黑木耳，辛辣带有浓浓甜味的蔬菜皇后洋葱，富含维生素的清脆红、黄甜椒以及清新的新鲜青豆搭配，让这款什锦燕麦炒饭清新爽口不油腻，脆、鲜、香……多种口味诱惑你的胃。

材料 Ingredient

麦片饭 （做法参考P125）	250克
虾仁	30克
猪瘦肉	40克
洋葱	25克
黑木耳	15克
红甜椒	20克
黄甜椒	20克
青豆	10克

调料 Seasoning

橄榄油	少许
盐	1/4小匙
鸡粉	少许
淡酱油	少许

做法 Recipe

1. 虾仁去肠泥后洗净、切小丁；猪瘦肉、黑木耳洗净切小丁，备用。
2. 洋葱洗净去皮后切小丁；红、黄甜椒洗净去籽切小丁，备用。
3. 热锅放入少许橄榄油，加入洋葱丁爆香，放入做法1猪瘦肉丁拌炒至颜色变白，再加入做法1虾仁丁拌炒均匀至入味，备用。
4. 于做法3锅中加入麦片饭、黑木耳丁、青豆以及红、黄甜椒丁拌炒均匀，再加入剩余调料拌匀即可。

团结一致

坚果米饭

香气醇厚的红葱，口味鲜美、口感细嫩以及拥有独特浓郁香味的腰果，在米饭的带领下，紧紧地团结一致。红葱与腰果的加入让米饭更加醇香，而干香菇带来的细嫩口感、鲜美的味道，令人难以忘怀。尤其腰果中所富含的油脂，还能润肤美容、延缓衰老。干香菇与腰果，让营养升级，快速补充人一天所需的能量和不饱和脂肪酸。

材料 Ingredient

长糯米	1杯
红葱头片	2瓣
腰果	20克
干香菇	2朵
水	3/4杯

调料 Seasoning

油	3小匙
酱油	2小匙
糖	1/2小匙
白胡椒粉	1/4小匙

做法 Recipe

1. 长糯米洗净，泡水4小时，沥干备用。
2. 干香菇泡发后洗净、切片；腰果洗净，浸水2~3小时，备用。
3. 热锅，倒入油，爆香红葱头片，放入做法2的材料与做法1的长糯米炒香，再加酱油、糖、白胡椒粉，拌炒均匀后移入电锅内锅加入3/4杯水，于外锅放1杯水（分量外），煮至开关跳起，续焖约5分钟即可。

坠入凡间的黑水晶块

紫米桂圆糕

色泽透亮的紫米桂圆糕仿佛一块黑色的水晶。红色的枸杞一颗一颗错落有致地镶在米糕表层，瞬间俘获了吃货们的眼球，吃过的人肯定忘不掉那种清香不油腻、甜味恰当的味道，最重要它还是一款养生小吃。养生作用在于这些材料的辅助——清香油亮、软糯适口的滋补黑米，甘甜滋腻、益气补血的桂圆干以及清热明目的枸杞。

材料 Ingredient

黑糯米	1/2杯
长糯米	1/2杯
桂圆干	15颗
枸杞	5克
水	600毫升

调料 Seasoning

黑糖	4大匙

做法 Recipe

1. 将黑糯米和长糯米分别洗净，黑糯米浸泡8~10小时；长糯米洗净浸泡1~2小时。
2. 桂圆干略洗净；枸杞洗净，备用。
3. 将做法1、2的材料和水放入电锅内锅中混合拌匀，再将内锅放入电锅，于外锅加入约1杯水，盖上锅盖，按下开关。
4. 煮至开关跳起后，将黑糖趁热加入翻搅均匀，即为紫米桂圆糕。待冷却后切块食用即可。

犹抱豆皮半遮面

紫米豆皮寿司

太容易获得的东西，我们总是不懂得珍惜。对待饮食，也会觉得太容易制作的美食，总是单调无味。爱吃紫米的人，单吃感觉乏味，那么就让紫米豆皮寿司来满足你的胃，满足你的小心思。调味后的紫米在豆皮半遮半掩下来到了吃货们的面前，吃进去的不仅仅是制作者的爱心，更多的是一种美食的神秘感。

材料 Ingredient

紫米	125克
寿司米	125克
水	220毫升
豆皮	12个
熟白芝麻	少许

调料 Seasoning

寿司醋	1大匙
细砂糖	1大匙

做法 Recipe

1. 紫米洗净后浸泡于冷水中6~8小时，捞出沥干水分，备用。
2. 寿司米洗净后沥干水分，加入做法1紫米和水拌匀后放入电锅蒸熟，熟透时趁热加入所有调料拌匀成紫米寿司饭，备用。
3. 将做法2紫米寿司饭装入豆皮中，再撒上熟白芝麻即可。

被蛋卷

五谷蔬菜蛋卷

五谷饭的柔软醇香、小黄瓜丝的清脆爽口、洋葱丝的辛辣与浓郁甜味、胡萝卜的清新脆口……被鲜美的蛋卷卷着送进嘴里，柔软香脆、鲜美爽口之味溢满口腔，牙齿根本停不下来。五谷饭的加入，让这款小吃更加健康；而改用蛋卷皮，令其鲜美滋味以及柔软细腻的口感更加强烈。

材料 Ingredient

五谷饭　50克
（做法参考P104）
胡萝卜丝　5克
洋葱丝　5克
小黄瓜丝　5克
鸡蛋　2个

调料 Seasoning

油　少许
盐　1/4小匙

做法 Recipe

1. 先取一容器，先将鸡蛋打入后打散，并加入盐混合打匀成蛋液。
2. 取一平底锅加热，倒入少许油，待油温还未上升时将做法1的蛋液倒入，煎成薄薄蛋皮。
3. 将五谷饭、胡萝卜丝、小黄瓜丝与洋葱丝平铺放在做法2的蛋皮上，小心卷起后切块即可上桌。

坠落石锅中的彩虹

五彩石锅拌饭

五彩石锅拌饭给人的视觉效果是五彩斑斓，仿佛彩虹坠落在锅中，红、黄、橙、绿……各种食材的鲜明色彩也在明争暗斗地抢人眼球。拌饭不仅是视觉享受，味道也毫不逊色。在其他调味剂的辅助与筷子的搅拌下，浓香四溢，各种食材入味得当，辣、鲜、爽脆、热……各种味觉刺激着爱吃的舌头，也刺激着有故事的你，还记得陪你一起吃拌饭的那个人吗？

材料 Ingredient

糙米饭	280克
（做法参考P112）	
猪绞肉	60克
干海带芽	2克
蒜末	10克
洋葱末	10克
韩式泡菜	适量
豆芽菜	适量
杏鲍菇	适量
红甜椒	适量
黄甜椒	适量
熟白芝麻	适量

调料 Seasoning

A:

香油	适量
酱油	1小匙
细砂糖	少许
辣椒酱	1/2小匙

B:

鸡粉	适量
盐	适量

做法 Recipe

1. 豆芽菜洗净；杏鲍菇洗净切片；红、黄甜椒洗净去籽切条，备用。
2. 热锅放入少许香油，加入蒜末和洋葱末爆香，放入猪绞肉拌炒至颜色变白，加入剩余调料A拌炒均匀至入味，备用。
3. 将干海带芽和做法1所有食材依序汆烫后捞出，沥干水分再加入适量调料B拌匀，其中海带芽撒入熟白芝麻拌匀，备用。
4. 于石锅内抹上少许香油，移至瓦斯炉上以小火加热后，盛入糙米饭，备用。
5. 于做法4上依序摆入做法2猪绞肉、韩式泡菜以及做法3所有食材，食用时拌匀即可。

注：亦可加入一个生鸡蛋，拌匀食用口味更好。

小贴士 Tips

- 想让米饭熟得均匀并且不会糊锅，最好选择使用滑石锅做饭，这样饭味绝佳。但石锅本身可以长时间吸收热量，用餐时间内一直保持热度，因此要小心被烫。拌饭中也可以放入胡萝卜、蕨菜等各种时令蔬菜，含有丰富的维生素和纤维素，且胆固醇含量低，是现代人的一种健康选择。

可以吃的美容品

薏仁美白粥

薏仁是一种美容食品，常食用可以令人的皮肤光泽细腻、白净，能帮助有效消除粉刺、斑雀、老年斑、妊娠斑、蝴蝶斑、痤疮等。而紫山药中含有大量的紫色花青素，不仅有利于治疗心血管疾病，还能抗氧化，美容养颜。显而易见，这碗粥就是专为女性准备的天然保养品。同时，猪瘦肉的加入让粥的味道更加清香入味。

材料 Ingredient

薏仁	110克
紫山药	220克
猪瘦肉	75克
水	12杯
大米	1/2杯

调料 Seasoning

盐	少许
鸡粉	少许

做法 Recipe

1. 薏仁以冷水泡2小时后沥干水分；紫山药洗净，削去外皮，切成大丁状；猪瘦肉洗净，切丁备用。
2. 取一深锅，加入12杯水，以大火煮沸后转小火，加入大米及做法1的薏仁煮50分钟，再加入做法1的紫山药、猪瘦肉续煮10分钟，最后加入调料拌匀即可。

健身者最爱的比萨

杂粮烘蛋

开胃消食、防癌通便的荞麦，美白祛湿的薏仁，味道鲜美、质地脆嫩、营养丰富的柳松菇以及新鲜多汁而口感香甜的玉米粒，在风味独特且芳香味浓郁的鸭儿芹和清脆爽口的红甜椒丝调味下，美味健康。最终在蛋液的包裹下，形成了一片片三角形的美食艺术品。

材料 Ingredient

熟荞麦	30克
熟薏仁	50克
鸡蛋	3个
鸭儿芹	适量
玉米粒	适量
红甜椒丝	适量
柳松菇	适量

调料 Seasoning

橄榄油	2大匙
盐	1/4匙
米酒	1小匙
白胡椒粉	少许

做法 Recipe

1. 鸭儿芹洗净去梗；红甜椒去籽洗净后切丝，备用。
2. 柳松菇洗净，放入滚沸的水中汆烫约1分钟，捞出沥干水分，备用。
3. 鸡蛋打散成蛋液，加入所有调料（橄榄油除外）、熟薏仁以及熟荞麦拌匀，备用。
4. 热锅倒入2大匙橄榄油，倒入做法3蛋液搅拌一下，再撒入玉米粒、做法1鸭儿芹叶、红甜椒丝以及做法2柳松菇，盖上锅盖，改小火煎约3分钟即可。

豆腐的慕斯情结

荞麦吻仔鱼拌豆腐

盒装嫩豆腐，水分比较多，质地比较软嫩、细腻，口感就如慕斯，但没有慕斯的那种甜腻感，吃起比较清爽。在蒜末、葱花、白胡椒粉、淡酱油以及经过油炸后的荞麦与嚼劲较好的吻仔鱼调味下，香脆、丝滑、辣一起纠缠着舌尖的宠爱。重要的是这款荞麦吻仔鱼拌豆腐不仅好吃，热量还低，是爱健康又爱美之人的好选择。

材料 Ingredient

荞麦	30克
吻仔鱼	50克
蒜末	10克
葱花	15克
红辣椒丝	5克
盒装嫩豆腐	1盒

调料 Seasoning

A:

橄榄油	少许
白胡椒粉	少许
淡酱油	1小匙
盐	少许
细砂糖	少许
米酒	1/2小匙

B:

柴鱼酱油	适量

做法 Recipe

1. 荞麦浸泡于冷水中约3小时至软化，捞出沥干水分，移至水已煮至滚沸的蒸笼中蒸约15分钟，熟透后取出备用。
2. 热油锅至油温约160℃，分次放入做法1荞麦和吻仔鱼，炸至微酥后捞出，沥干油，备用。
3. 热锅倒入少许橄榄油，加入蒜末、红辣椒丝以及葱花爆香，再加入做法2荞麦、吻仔鱼以及剩余调料A拌炒均匀入味，起锅静置待凉，备用。
4. 盒装嫩豆腐盛盘，摆上做法3荞麦吻仔鱼并淋上少许柴鱼酱油即可。

小贴士 Tips

- 豆腐虽好，也不宜天天吃，一次食用也不要过量。老年人和肾病、缺铁性贫血、痛风、动脉硬化患者更要控制食用量。

食材特点 Characteristics

荞麦：荞麦具有健胃、消积、止汗之功效，还能有效辅助治疗胃痛胃胀、消化不良、食欲不振、肠胃积滞、慢性泄泻等病症。此外荞麦能帮助人体代谢葡萄糖，是防治糖尿病的天然食品；荞麦中所含的纤维素可使人大便恢复正常，并预防各种癌症。

抓得住的美丽

薏仁莲子凤爪汤

凤爪富含胶原蛋白，胶原蛋白在酶的作用下，能提供皮肤细胞所需要的透明质酸，使皮肤水分充足保持弹性，从而防止皮肤松弛起皱纹，并且多吃也不会令人发胖。搭配薏仁、莲子、红枣熬汤，就是一款美容养颜补血润肤靓汤。汤汁带有一丝红枣的甜味，且一点不油腻，爱美的人可以多喝一点。

材料 Ingredient

A:	
鸡脚	400克
姜片	10克
B:	
薏仁	50克
莲子	40克
红枣	10颗

调料 Seasoning

水	1000毫升
米酒	20毫升
盐	1茶匙

做法 Recipe

1. 鸡脚去爪后剁小段放入沸水中汆烫；薏仁、莲子泡水60分钟；红枣稍微洗过，备用。
2. 将所有材料A、B、水、米酒放入电锅中，外锅加1杯水，盖上锅盖，按下开关，待开关跳起，续焖10分钟后，加入盐调味即可。

享受夏天的感觉

菜豆水果沙拉

苹果的清脆爽口、橘子的柔软多汁、草莓的清爽嫩滑、蔓越莓的酸甜口味、菜豆的香甜风味，在低脂、无糖又兼有益生菌的酸奶搅拌下，清新爽口、柔软嫩滑、酸甜……挑逗着你的舌头。解暑、降温、补充维生素，样样都不误。

材料 Ingredient

菜豆	100克
苹果	1个
橘子	1/2个
草莓	2颗
蔓越莓	5克

调料 Seasoning

原味酸奶	150克

做法 Recipe

1. 将菜豆放入沸水中烫至熟后，捞起去膜，沥干放凉备用。
2. 苹果切块；橘子去皮取瓣；草莓洗净，对剖备用。
3. 将做法1、2的材料加入原味酸奶拌匀，再撒上蔓越莓即可。

元气大补汤

花生猪蹄汤

猪蹄含有较多的蛋白质、脂肪和碳水化合物，可加速新陈代谢，延缓机体衰老，并且对于哺乳期妇女能起到催乳和美容的双重作用。而花生含有丰富的蛋白质、不饱和脂肪酸、维生素E、烟酸、维生素K、钙、镁、锌、硒等营养素，有滋补气血，养血通乳的作用。加上补气活血的当归，令这款汤的功效更加大增，它能温补体虚，促进血液循环，缓解心神不宁、失眠多梦，调养肌肤．是产后滋补佳品。

材料 Ingredient

猪蹄　1只
花生　50克

调料 Seasoning

水　500毫升
盐　1/3小匙

药材 Medicine

王不留行　15克
当归　5克

做法 Recipe

1. 猪蹄洗净后放入沸水中汆烫，再刮除细毛，洗净；花生泡6小时，备用。
2. 将药材与做法1的花生洗净，放入电锅内锅中，再放入做法1的猪蹄块和水，于外锅加入2杯水，盖上锅盖，按下开关。
3. 煮至开关跳起后加入盐拌匀，再焖5~10分钟即可。

小贴士 Tips

猪蹄汆烫时可加入少许姜片去腥。购买猪蹄时可以请摊主切成块，这样容易炖熟，而且也省力气。如果整只的猪蹄通常很难切开，自己大刀阔斧地在家坎也是很危险，如果整只炖则要延长时间。

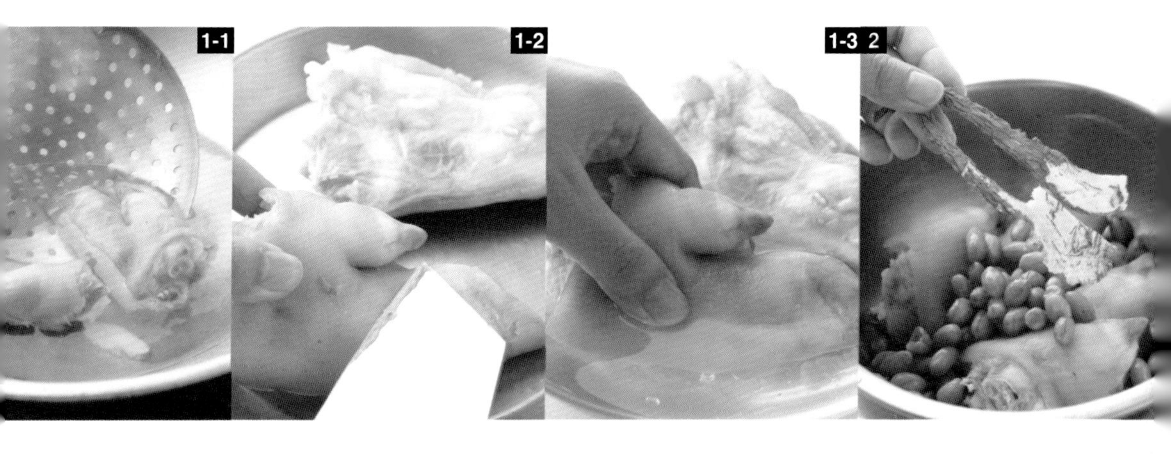

一点一滴的甜蜜

蜜黄豆

裹着浅酱色的黄豆，透着浓浓的、黄澄澄的蜜汁，粗看还以为是一层明油，让人误以为它油腻得很。但用筷子夹一粒送进嘴里，那糯、那黏、那香、那隐约间的咸与甜交替相见，舌尖恍惚间有了脂膏的感觉，却不似那么肥腻，清甜而隽永。仿佛想起多年前的那个秋天，尾随正在灶台面前煮黄豆的奶奶，希望再尝尝新鲜出锅的黄豆。

材料 Ingredient

黄豆	100克

调料 Seasoning

糖	30克
水	200毫升
盐	1/4小匙
油	1小匙

做法 Recipe

1. 黄豆洗净后泡水约6小时，再沥干备用。
2. 将做法1的黄豆、200毫升的水放入电锅中，外锅加2杯水，蒸至开关跳起后再焖5分钟。
3. 热锅，倒入油，放入做法2的黄豆和水翻炒。
4. 做法3中再放入糖跟盐，拌炒到黄豆略带黏稠感即可。

小贴士 Tips

- 黄豆是非常好的植物性蛋白质的来源，含有钙、铁、卵磷脂，特别是异黄酮素对于女性是相当滋养的，从不少文献中发现其可降低乳癌、前列腺癌的发生率。产后多补充豆浆、豆腐等也有益增加乳汁分泌。

特别的存在

小米菠菜

小米菠菜既不是粥也不是饭，而是一道特殊的菜。绿色菠菜清新爽口，柔软多汁，搭配美味可口小米，清新味瞬间提升。小米有开胃养胃之功效，而菠菜的清新爽口，正好给炎热的夏季一个进食的理由。如果你的口味清淡，那么这道简单营养料理绝对是为你而私人定制的。

材料 Ingredient

小米	40克
菠菜	200克
蒜泥	少许

调料 Seasoning

盐	少许
鸡粉	少许
香油	少许

做法 Recipe

1. 小米洗净后浸泡于冷水中约1小时，捞出沥干水分，备用。
2. 煮一锅滚沸的水，放入做法1小米煮约15分钟，至米芯熟透后捞出小米，沥干水分备用。
3. 菠菜洗净切小段；另煮一锅滚沸的水，放入菠菜段汆烫一下，捞出沥干水分，备用。
4. 将做法3菠菜加入做法2小米蒜泥和所有调料拌匀即可。

片片有豆情

辣味菜豆拌肉片

肉的鲜美味与辣椒的辣味在烹饪的过程中一点一滴地渗入菜豆内，同时，菜豆的独特风味也为肉的美味加分。辣、鲜、爽口交集着刺激味蕾，每个吃货都能从这道菜中享受到御膳的味道。饱含着深深豆情的肉片就用这种特殊方式感动着你我的舌尖。

材料 Ingredient

菜豆	150克
梅花肉片	100克
蒜末	2克
红辣椒末	5克
葱花	2克

腌料 Marinade

米酒	1小匙
白胡椒粉	1/4小匙
盐	1/4小匙
太白粉	1/2小匙

调料 Seasoning

酱油	1/4小匙
细砂糖	1/4小匙
辣油	1/4小匙
盐	1/4小匙

做法 Recipe

1. 梅花肉片加入所有腌料，腌约3分钟备用。
2. 将菜豆和做法1的肉片放入沸水中汆烫后，捞起沥干备用。
3. 将做法1、2所有材料放入容器中，再放入剩余的材料和所有调料拌匀即可。

此汤最相思

红豆汤

热量低的红豆富含维生素E及钾、镁、磷、锌、硒等活性成分，是典型的高钾食物，具有清热解毒、健脾益胃、利尿消肿、通气除烦、补血生乳等多种功效。红豆汤是解暑的佳品。在炎热的夏天，人体极易水肿，喝红豆汤是一种最好的消肿方法。将其冰镇后饮用，风味更佳，那种细腻的冰镇风味仿佛一缕夏天的微风，让人神清气爽。

材料 Ingredient

红豆	200克

调料 Seasoning

二砂糖	170克
水	3000毫升

做法 Recipe

1. 检查红豆，将破损的红豆挑出，保留完整的红豆。将挑选出来的红豆清洗干净，以冷水浸泡约2小时。
2. 取一锅，加入可盖过红豆的水量煮沸，再放入红豆氽烫去除涩味，烫约30秒后，捞出沥干。
3. 另取一锅，加入3000毫升水煮沸，放入红豆以小火煮约90分钟。接着盖上锅盖，以小火续焖煮约30分钟。接着加入二砂糖轻轻拌匀，煮至再次沸腾，至糖融化即可。

小贴士 Tips

- 挑选红豆要注意的是，以富有光泽、形状饱满、色泽鲜艳、外观干燥且无怪味者为优等品，若有破裂或潮湿则是较不新鲜的红豆。而红豆汤好吃诀窍是，只要红豆熟透，豆子又不泥烂，就是好吃的第一步，所以泡水和烫豆做法千万不能省略，切记泡水30分钟以上，并用沸水烫豆。

夏季消暑靓汤

绿豆汤

绿豆营养丰富，能清热解毒、滋润肌肤、补益元气等，而绿豆的清热之功力在于皮，因此为了能清热，煮绿豆汤时不要久煮，这样熬出来的绿豆汤不仅颜色碧绿，比较清澈，喝的时候即使没有把豆子一起吃进去，也能达到很好的清热功效。

材料 Ingredient

绿豆　300克

调料 Seasoning

二砂糖　200克
沸水　3000毫升
冷水　少许

做法 Recipe

1. 将破损的绿豆挑出，放入水中洗净，除去表面的灰尘和杂质。
2. 取一钢锅，放入做法1的绿豆，于锅中加少许冷水，冷水须淹过绿豆约两厘米。
3. 将做法2置于炉火之上，以中火煮约10分钟，至锅内汤汁收干为止。
4. 在做法3的锅中加入3000毫升的沸水，盖上锅盖，继续以中火焖煮约15分钟至绿豆熟烂为止。
5. 做法4的锅中加入二砂糖，搅拌均匀即可。

小贴士 Tips

- 简单省事且美味不打折的好建议——先用少量的水煮绿豆直到水分完全吸收，再加入其余的水继续煮至再度滚沸后，再放入糖等调料。不仅省下熬煮的时间，还可以让绿豆汤汁保持清澈面貌且不浑浊。

私人定制时光

麻糬红豆汤

烤好的清爽软糯的麻糬在红豆汤的浸泡下味道甜而不腻，咬上一口令人意犹未尽。配上粉糯清甜的南瓜与粒粒分明的红豆，绵密细致的口感，浓郁的香气……让人忍不住一口接一口。在闲来无事的下午，动动自己的双手，爱好甜食的你就拥有美妙的私人定制时光。

材料 Ingredient

红豆汤 （做法参考P153）	2碗
日式麻糬	1块
地瓜	1个

调料 Seasoning

糖	适量
盐	少许
水	适量

做法 Recipe

1. 地瓜去皮洗净切丁，先以沸水煮至微熟，再加入与地瓜同重量的糖、少许盐及其1/3量的水(或更少)，以小火煮至地瓜熟透，关火即成蜜地瓜，备用。
2. 日式麻糬切四等份，放入烤箱烤至膨起。
3. 碗内放入红豆汤与适量做法1的蜜地瓜丁，及2块做法2的烤麻糬即可。

专“薯”黑豆的美味

黑豆红薯甜汤

黑豆具有高蛋白、低热量的特性，它能补肾益脾、抗衰老、补血养颜、排毒减肥……搭配能通便抗癌又香甜味美的红薯，让整碗汤营养瞬间升级，美味大大提升。而红薯、黑豆都是理想的减肥食材，减肥的你又抛弃不了对甜品的热爱，那么黑豆红薯甜汤绝对是你的最佳选择。

材料 Ingredient

黑豆	100克
地瓜块	50克
姜片	10克

调料 Seasoning

冰糖	1大匙
水	1000毫升

做法 Recipe

1. 黑豆泡水约1小时，捞出沥干，备用。
2. 将做法1的材料、地瓜块、姜片和水放入锅中炖煮约40分钟后，再放入冰糖煮约2分钟即可。

最佳亲民补品

原味豆浆

豆浆含有丰富的植物蛋白、磷脂、维生素B_1、维生素B_2和烟酸，还含有铁、钙等矿物质，尤其是其所含的钙，老少皆宜。春秋饮豆浆能滋阴润燥，调和阴阳；夏饮豆浆能消热防暑，生津解渴；冬饮豆浆能驱寒暖胃，滋养进补。而豆渣中含有丰富的蛋白质和纤维素，还含有大量的钙，并且脂肪含量很低，减肥效果超级好。

材料 Ingredient

黄豆　　300克

调料 Seasoning

水　　3000毫升
棉白糖　　适量

做法 Recipe

1. 将挑选好的黄豆用水冲洗干净，洗去沙土灰尘。将洗净的黄豆泡水约8小时备用（水为分量外，注意水量须盖过黄豆）。泡好后将水倒掉，再次把黄豆冲洗干净。
2. 捞出做法1的黄豆，放入果汁机（或调理机）中。于果汁机（或调理机）中加入1500毫升的水，按下开关，搅打成浆。
3. 取一纱布袋，装入做法2打好的豆浆。借由纱布袋滤除豆渣，挤出无杂质的豆浆。
4. 取一较深的锅子，装入剩余1500毫升的水煮沸，再倒入做法3中挤出的豆浆。用大火将豆浆煮至冒大泡泡（使用深锅就是防止冒泡时会溢出）。再转小火续煮约10分钟，直到豆香味溢出后熄火。
5. 用滤网将煮好的豆浆过滤，去除残渣，即为原味豆浆。
6. 取杯，加入适量棉白糖，再倒入适量做法5的原味豆浆搅拌均匀，即为甜豆浆。

小贴士 Tips

- 好东西吃好了就是补品，吃错了就是毒品。豆浆也有自己的禁忌：一忌喝未煮熟的豆浆；二忌在豆浆里打鸡蛋；三忌冲红糖；四忌装保温瓶；五忌喝超量；六忌空腹饮豆浆；七忌与药物同饮。

青豆之吻

青豆吻鱼酥

青豆具有补肝养胃、滋补强壮、助长筋骨、悦颜面、乌发明目、延年益寿等功效。每天食用青豆还可以降低血液中的胆固醇。新鲜的青豆清爽鲜嫩，与味道鲜美的吻仔鱼在大火下油炸后，口感酥脆、香味浓郁。辣、香、脆……各种你爱吃的味道，就在这里，让你的舌尖根本停不下来。

材料 Ingredient

新鲜青豆	80克
吻仔鱼	200克
蒜片	5克
红辣椒圈	2克

调料 Seasoning

油	适量
盐	1/4小匙
白胡椒粉	1/4小匙

做法 Recipe

1. 将青豆放入沸水中氽烫后,捞起去膜,沥干备用。
2. 起油锅，加热至剩约150毫升，放入吻仔鱼、蒜片和红辣椒圈,以小火炸至金黄酥脆。
3. 另取锅烧热，加入少许油,放入做法1、2的材料和剩余调料,以大火快速炒匀即可。

可以吃的“养发剂”

豆浆芝麻糊

黑芝麻含蛋白质、脂肪、维生素E、维生素B_1、维生素B_2、多种氨基酸及钙、磷、铁等元素，它具有滋养肝肾、护肤瘦身的功效，还能够使头发变黑。因其富含的卵磷脂、蛋白质、维生素E、亚油酸等成分，所以还能补血通便，绝对是爱美女性日常必备的保健养颜食品。将其研磨成粉搭配豆浆，风味独特，百分百纯天然，吃得放心。

材料 Ingredient

黑芝麻粉　50克
原味豆浆　400毫升
（做法参考P159）

调料 Seasoning

细砂糖　80克
水淀粉　2大匙

做法 Recipe

1. 将黑芝麻粉、豆浆及细砂糖入汤锅，煮沸后转小火。
2. 用水淀粉勾薄芡后即可。

平凡中的美味

八宝粥

八宝粥又名腊八粥、佛粥，汉族传统节日食品。它是一种在腊八节食用的由多种食材熬制的粥。其食材与制作方法都很简单，色泽鲜艳、质软香甜、清香诱人、滑而不腻。八宝粥具有健脾养胃，消滞减肥，益气安神的功效，是一种日常养生的健康食品。

材料 Ingredient

A:

圆糯米	30克
红豆	30克
薏仁	30克
花生仁	20克
桂圆肉	30克
菜豆	20克
雪莲子	20克
薏仁	30克

B:

白术	10克
党参	10克
芡实	20克

调料 Seasoning

米酒	80毫升
水	850毫升
冰糖	适量

做法 Recipe

1. 圆糯米洗净沥干；所有材料B略洗净沥干。
2. 红豆、薏仁、花生仁、菜豆、雪莲子和薏仁洗净后浸泡3～5小时，再沥干备用。
3. 桂圆肉略洗净后，以米酒浸泡约30分钟备用。
4. 做法1、2的材料和水放入电锅内锅中，再放入电锅，于外锅加入2杯水，盖上锅盖，煮至开关跳起后焖约5分钟。
5. 做法4中加入做法3的桂圆肉（连米酒），外锅再加1杯水，盖上锅盖，续煮至开关跳起后加入冰糖拌匀，食用时挑除芡实以外的中药即可。

任性的滋味

薏仁炒虾仁

口感劲道的新鲜薏仁搭配虾仁的鲜美、柔滑，就是一种任性的美味。薏仁是常用的中药，也是常吃的食物，具有利水消肿、健脾祛湿、舒筋除痹、清热排脓等功效，常食可以保持人体皮肤光泽细腻，还能帮助消除粉刺、斑雀。

材料 Ingredient

薏仁 100克
鲜虾仁 200克
彩色甜椒片 20克

调料 Seasoning

盐 1/4小匙
白胡椒粉 1/4小匙
米酒 1/2大匙
太白粉 1/2小匙

做法 Recipe

1. 先将薏仁洗净，入水浸泡约20分钟后捞出沥干，再放入电锅蒸熟。
2. 鲜虾仁洗净，挑去沙肠后加入所有调料混合拌匀。
3. 热一锅，先将彩色甜椒片放入锅中炒香，再加入煮好的薏仁拌炒均匀，接着放入做法2的鲜虾仁，以大火快速炒熟且拌炒均匀即可。

清爽香怡

桂花绿豆蒸莲藕

莲藕能起到养阴清热、润燥止渴、清心安神的作用。莲藕性温，有收缩血管的功能，多吃可以补肺养血。用绿豆嵌于藕洞，清爽香怡，最后以桂花与太白粉的勾芡淋身，清淡又甜蜜的一道饭前开胃甜品就这么简简单单地征服了你。

材料 Ingredient

绿豆	200克
莲藕	1节
（约200克）	
干燥桂花	1/2大匙
太白粉	1小匙

调料 Seasoning

细砂糖	1大匙
水	200毫升

做法 Recipe

1. 绿豆泡水约1小时，捞出沥干；莲藕洗净去皮，切除根部，备用。
2. 将做法1的绿豆以筷子塞入莲藕洞内至满，放入电锅内，外锅加3杯水，蒸约1小时。
3. 所有调料加热煮开，放入干燥桂花煮约1分钟，再加入太白粉混合2大匙水勾薄芡。
4. 将做法2的莲藕取出切薄片，再将做法3淋至莲藕上即可。

黑色甜蜜

蜜黑豆

黑豆就是一种有效的补肾品。黑豆皮为黑色，其中含有花青素，黑豆富含具有抗氧功效的维生素E，具有养颜美容、预防皱纹之功效。常食黑豆可提供食物中的粗纤维，促进消化，防止便秘发生。蜜黑豆做法简单，动动手就能吃到软糯、营养的美食。

材料 Ingredient

黑豆	200克

调料 Seasoning

味醂	50毫升
水	800毫升

做法 Recipe

1. 黑豆洗净后浸泡于冷水中6～8小时，捞出沥干水分，备用。
2. 将做法1黑豆和水一起放入锅中，煮至沸腾后盖上锅盖，改小火煮约1小时。
3. 打开做法2锅盖，加入味醂拌匀，煮至黑豆入味且汤汁微干即可。

秋冬滋补养生汤

山药薏仁炖排骨

山药薏仁炖排骨是一款比较清淡美味的料理。薏仁含有丰富的铁，能够有效预防人体贫血，是补铁的理想食品，同时也是美容食品；薏仁富含的膳食纤维，能有效促进胃肠蠕动，促进消化，清除肠内毒素；其脂肪含量较低，又富含糖类，它既能保证人体热量所需，还能有效控制脂肪的摄入，是减肥人士的理想食品。而山药能补脾胃、强肾固精、润肺益气，还能预防心血管疾病。

材料 Ingredient

排骨	600克
姜片	10克
山药	50克
薏仁	50克
红枣	10颗

调料 Seasoning

水	1200毫升
盐	适量
香油	适量
米酒	1大匙

做法 Recipe

1. 将排骨放入沸水中汆烫去血水，薏仁泡水6小时，备用。
2. 将所有材料及水、米酒放入电锅中，外锅加1杯水，盖上锅盖，按下开关，待开关跳起，续焖10分钟后，加入盐和香油调味即可。

绿豆的另一种味道

绿豆仁汤

绿豆汤能清热解毒、止渴消暑。绿豆的营养成分比较丰富，其经济价值和营养价值较高。绿豆汤入口香甜，是一款解暑佳品。若为了解毒功效煮绿豆汤时，最好把绿豆煮烂，这样解毒作用更强。

材料 Ingredient

绿豆仁　300克

调料 Seasoning

白砂糖　200克
水　3000毫升

做法 Recipe

1. 绿豆仁洗净，以冷水浸泡约30分钟。
2. 将做法1的绿豆仁放入锅中，先加入500毫升水以中火煮约10分钟后，关火再焖10分钟至熟透。
3. 剩下的2500毫升水加入做法2中，以中火煮约15分钟，加入白砂糖搅拌均匀即可。

餐桌上的红牛

银耳菜豆汤

菜豆是一种富含维生素和矿物质的高淀粉、高蛋白质、无脂肪保健食品，它具有健脾益肾、增强食欲、抗风湿、补血、强身健体的功效。对肥胖症、高血压、冠心病、糖尿病、动脉硬化有食疗作用。最神奇的作用在于菜豆能把各种肉类中的脂肪降低，实为煲汤佳品。搭配滋补效果同样强大的银耳，“餐桌上的红牛”的称号，实至名归。

材料 Ingredient

菜豆	50克
银耳	20克

调料 Seasoning

冰糖	2大匙
水	1000毫升

做法 Recipe

1. 菜豆泡水约1小时；银耳泡水约20分钟，捞出沥干，备用。
2. 将做法1的材料和水放入锅中炖煮约40分钟，再加入冰糖煮约2分钟即可。

午后解馋零食

杂粮南瓜沙拉球

苜蓿芽是一种低热量且营养丰富的天然碱性食物，其所含的膳食纤维非常丰富，含很少的糖，是减肥族厚爱的高纤低卡食物。苜蓿芽搭配具有防癌美容作用的南瓜、清淡爽口的虾仁以及蛋白质丰富的蛋白，做成的杂粮南瓜沙拉球低热量又营养，午后给自己做一盘解馋。

材料 Ingredient

五谷饭　150克
（做法参考P104）
南瓜　250克
虾仁　6只
水煮蛋　1个
苜蓿芽　适量

调料 Seasoning

蛋黄酱　适量
盐　少许

做法 Recipe

1. 南瓜洗净去皮去籽后切片，蒸熟后取出压成泥状，备用。
2. 虾仁去肠泥后洗净，汆烫约1分钟后捞出沥干水分，切小丁备用。
3. 水煮蛋切小丁；苜蓿芽以冷开水洗净，沥干水分后盛盘，备用。
4. 取五谷饭、做法1南瓜泥、做法2虾仁丁、做法3水煮蛋丁以及所有调料搅拌均匀，挖成球状摆至做法3苜蓿芽上即可。

滋养元气
食谱大公开

粉底掩盖不住的暗黄面色、无精打采的样子……在提醒我们，身体已经开始缺元气了，需要补一补。很多人会质疑：自己明明吃了很多营养品，为什么还会这样？古话说的好，千补万补不如食补，也就是告诉我们直接食用食物吸取营养才是最健康最有效的方法。本章为你特别推荐的元气食补大清单，赶紧尝试做一做，让你的元气立即恢复满满。

身体保健密码

香油腰花

香油腰花是一道简单易做的药膳，口感佳、味美，它能改善气血循环，特别适合容易手脚冰冷的女性朋友。它不是女性的专利，如男性出现腰酸腰痛、遗精、盗汗、小便灼涩、耳不聪等症状也可以食来改善，同时青少年也可以通过食用腰花缓解手脚无力、弯腰驼背等症状。

材料 Ingredient

猪腰	1个
老姜片	20克

调料 Seasoning

米酒	300毫升
香油	4大匙
盐	1/2小匙

做法 Recipe

1. 猪腰剔除白筋，冲洗干净，于表面切出斜格状纹路，再切成小块。
2. 煮一锅水至沸腾，放入做法1的猪腰块，略为汆烫10秒去除血水，立即捞起沥干水，备用。
3. 热锅，倒入香油，放入老姜片炒至略为卷曲，再放做法2的猪腰块，以大火翻炒至八分熟，加入米酒与盐煮至米酒沸腾即可。

小贴士 Tips

- 烹制猪腰，首先将其平剖为二，剔除内部的动脉、静脉及尿管等，尤其是白色的尿腺，一定要处理干净，否则烹制出来会有股骚味，但也有人偏好此骚味，那就另当别论。其次在清除肾内杂物之后，将其斜切成片，可以切菱形花也可以切梳状。最后要浸泡在清水中，并不时更换水，直到水清为止。为了保持肉质脆嫩，在汆烫去腥后要捞起直接浸泡入冷水中，再炒、煮汤或煨香油。

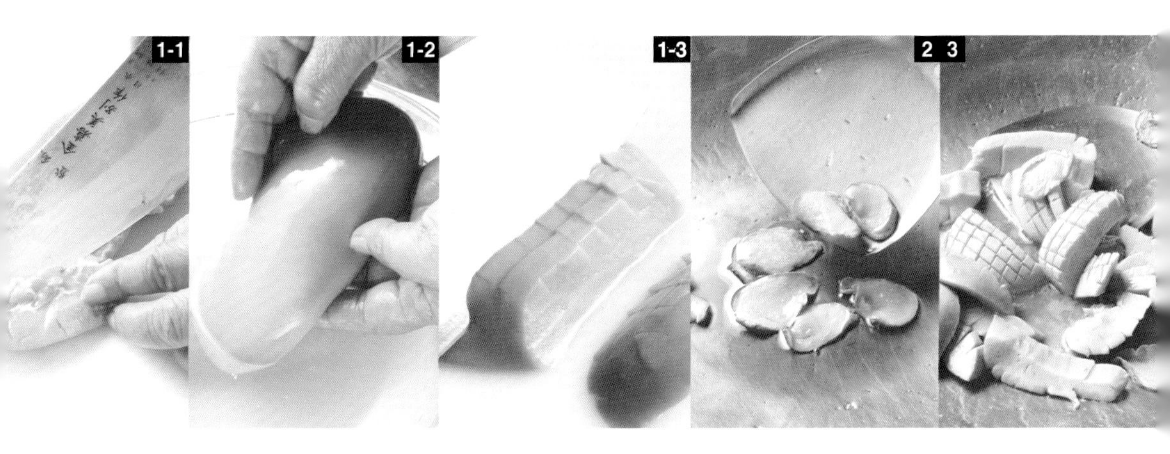

一盘蟹，顶桌菜

香油煎花蟹

蟹是食中珍味，素有“一盘蟹，顶桌菜”的民谚，它含有丰富的蛋白质、微量元素等营养物质，对身体有很好的滋补作用。螃蟹具有清热解毒、补骨添髓、养筋活血、通经络、利肢节、滋肝阴等功效，对于淤血、损伤、黄疸、腰腿酸痛和风湿性关节炎等有一定的食疗效果。其焦脆鲜嫩，风味独特，让吃货们喜爱不已。

材料 Ingredient

中型花蟹	2只
姜片	50克

调料 Seasoning

香油	80毫升
米酒	100毫升
水	300毫升
鸡粉	2小匙
细砂糖	1/2小匙

做法 Recipe

1. 将中型花蟹开壳、去鳃及胃囊后，以清水冲洗干净，并剪去脚部、尾端，再切成六块备用。
2. 起一炒锅，倒入香油与姜片，以小火慢慢爆香至姜片卷曲。
3. 于做法2中加入做法1的花蟹块，煎至上色后，续加入米酒、水、鸡粉、细砂糖，盖上锅盖，以中火煮约2分钟后开盖，再以大火把剩余的水分煮至收干即可。

小贴士 Tips

- 吃花蟹时最好选择甲壳较硬者，因为那表示它正扩充体躯准备脱壳。因此脱壳前捕获的蟹，蟹肉结实鲜美。

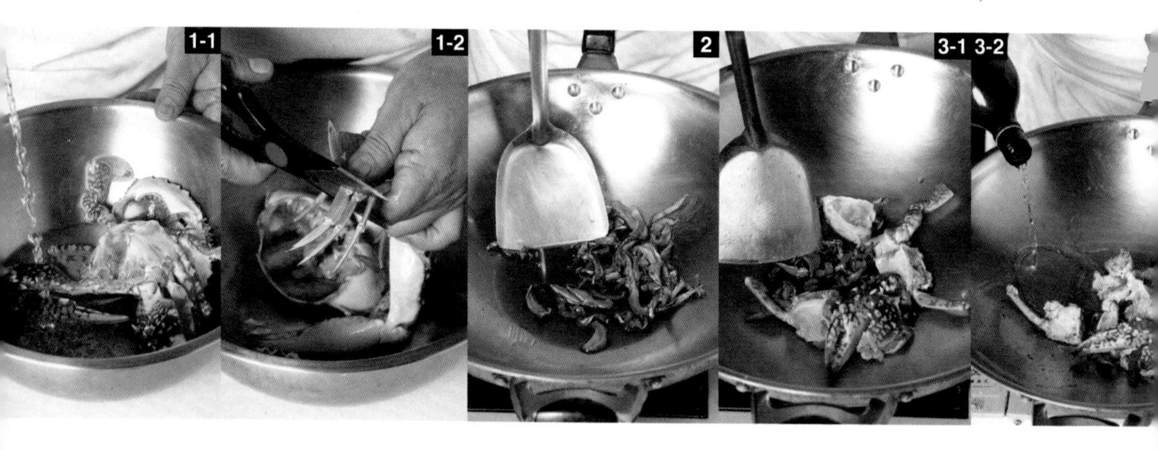

天然维生素丸

栗子红枣炖肉

益气补脾的香甜栗子所含的维生素C是苹果的10倍，甚至高于西红柿，而所含有的核黄素能有效改善小儿口舌生疮和成人口腔溃疡。加入补气补血的“天然维生素丸”的红枣与滋阴润燥、味道鲜美的梅花肉，让这道料理美味营养升级。口味微甜而不油腻，食材的营养功效棒极了。

材料 Ingredient

梅花肉	400克
栗子	120克
姜片	10克
红枣	10颗

调料 Seasoning

淡酱油	1大匙
味醂	1大匙
米酒	2大匙
盐	1/4小匙
水	1000毫升

做法 Recipe

1. 栗子洗净泡水去外皮；红枣洗净备用。
2. 梅花肉洗净，切块放入装了水的锅中。
3. 再放入做法1的栗子、红枣、水和其余材料，煮沸后盖上锅盖，以小火煮约30分钟。
4. 最后再加入剩余的调料续煮约15分钟至入味即可。

小贴士 Tips

- 红枣能强心，栗子能固肾固精，又可缓解筋骨酸软，和肉类一起炖煮，不仅营养足，栗子和红枣的天然甜味也能增加炖肉的风味。

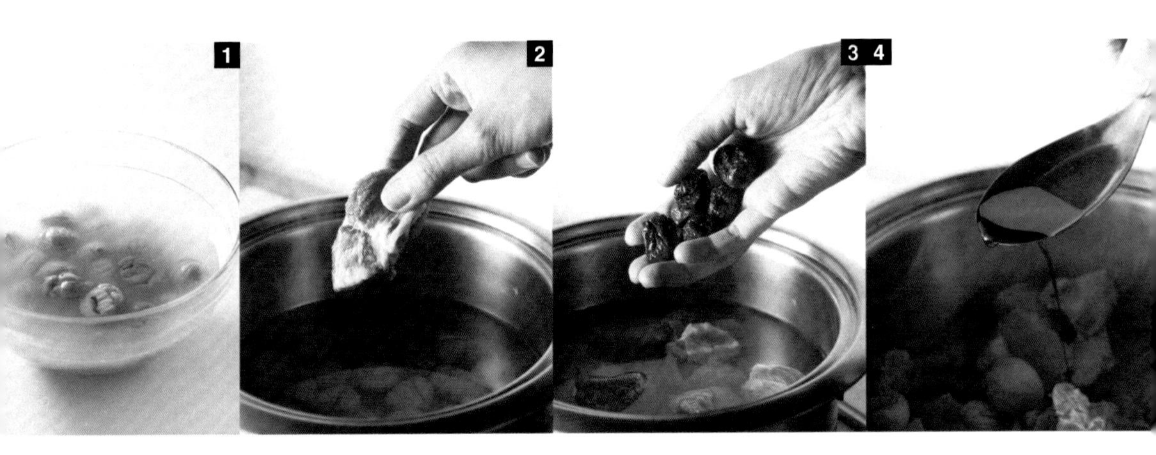

好肌肤是吃出来的

珍素燕窝

珍素燕窝集合了养胃补气、养心安神、明目、降火的莲子，清热解毒、止咳化痰的冰糖，抗衰老的枸杞，清心安神、养阴清热的百合以及益气清肠、滋阴润肺的银耳，尤其银耳富有天然植物性胶质，它有滋润肌肤的功效。由此可见，这碗汤的补气滋润功效非同一般。银耳的丝滑口感与冰糖的甜味会成功俘获你的舌尖。

材料 Ingredient

银耳	65克
枸杞	20克
百合	95克
莲子	40克

调料 Seasoning

水	1000毫升
冰糖	80克

做法 Recipe

1. 枸杞、银耳、莲子分别洗净后，以冷水浸泡至软，并沥干水分捞出备用。
2. 将做法1泡软的银耳一一去蒂头，并撕成小朵备用。
3. 将百合一片片洗净后备用。
4. 取一汤锅，加入水煮沸后，放入做法1的莲子煮约10分钟让莲子软，再放入冰糖、做法1的枸杞、做法2的银耳一起煮至沸腾，熄火后加入做法3的百合即可。

小贴士 Tips

- 干百合是新鲜百合的地下鳞茎干制而成，味甘，性微寒。含丰富的蛋白质、脂肪、钙、磷、铁及多种生物碱，有润肺止咳、补血气、利尿、安神等功能，是一种很好的食疗佳品。

食材特点 Characteristics

银耳：银耳是一味滋补良药。它滋润而不腻滞，具有补脾开胃、益气清肠、安眠健胃、补脑、养阴清热、润燥之功效，对于阴虚火旺不受参茸等温热滋补的病人而言是一种良好的补品。银耳富有天然特性胶质，加上它的滋阴作用，长期服用可以润肤，并能有效祛除脸部黄褐斑、雀斑。此外，银耳中所含的膳食纤维，可助胃肠蠕动，减少脂肪吸收，因此也是一种理想的减肥食品。

莲藕与排骨的藕断丝连

排骨莲根

熟莲藕能健脾开胃，益血补心，与肉质鲜美的排骨、红豆、有机糙米经过一定的时间炖煮，莲藕格外粉糯美味，汤水清甜，它能暖胃暖心，更有活血、润肤、抗衰老之功效，很适合秋冬季食用。只是普通的排骨，寻常的藕，红豆、有机糙米，但经过自己的手，就能煮出一碗清甜味浓营养丰富、唇齿留香的好汤。

材料 Ingredient

莲藕	400克
排骨	400克
有机糙米	150克
红豆	80克
葱花	10克
红葱酥	5克

调料 Seasoning

盐	6克
香油	5毫升
水	2300毫升

做法 Recipe

1. 将所有材料分别洗净后备用。
2. 有机糙米以清水浸泡约2小时，莲藕削皮后切成块状，排骨洗净切成块状备用。
3. 把做法2的材料、红豆与水一起放入电锅中，外锅加1/8杯水，煮20~25分钟至软透。
4. 起锅前加入其他调料、红葱酥与葱花拌匀即可。

滋补的液体蛋糕

酒酿蛋

醪糟又称酒酿，甘甜芳醇，含有多种氨基酸，其中有8种是人体不能合成而又必需的。每升米酒中赖氨酸的含量比葡萄酒和啤酒要高出数倍，为世界上其他营养酒类中所罕见的，因此人们称其为“液体蛋糕”。它能刺激消化腺的分泌，增进食欲，有助消化，一年四季均可饮用。醪糟煮荷包蛋是产妇和老年人的滋补佳品。

材料 Ingredient

土鸡蛋	2个
酒酿	50毫升

调料 Seasoning

水	450毫升
冰糖	30克

做法 Recipe

1. 取锅，加入适量的水（分量外）煮至沸腾后，打入土鸡蛋，以小火煮至九分熟后捞出备用。
2. 另取锅，加入450毫升的水，煮至沸腾后，加入冰糖煮匀，盛入碗中。
3. 在做法2的糖水中，放入做法1煮好的蛋包，再加入酒酿即可。

更年轻的秘诀

玫瑰鸡汤

玫瑰具有调经、促进血液循环、预防便秘之功效，进而使肌肤光滑有弹性，是女性最佳的天然养颜保养品之一。玫瑰鸡汤集合了清香的玫瑰、抗衰老的栗子、抗皱的白果以及肉质鲜嫩的低热量鸡肉，汤汁清爽微甜不腻。而“平民燕窝”银耳的加入，使这道汤的养颜滋润功效大大提高。

材料 Ingredient

土鸡肉块	900克
干燥玫瑰	10克
栗子	10颗
白果	40克
银耳	10克

调料 Seasoning

米酒	50毫升
水	1200毫升

做法 Recipe

1. 将土鸡肉块洗净汆烫；栗子泡软除去外皮，汆烫5分钟；银耳泡软去蒂撕小朵，汆烫一下；白果洗净汆烫备用。
2. 将做法1的土鸡肉块、栗子、银耳、米酒和水放入锅中，煮沸后转小火煮40分钟。
3. 最后加入白果和干燥玫瑰续煮5分钟即可。

简简单单抓住你的胃

香油蛋包汤

香油，有促进食物消化吸收、益寿延年、延缓衰老、保护血管、润肠通便、减轻烟酒毒害、保护嗓子的功效；同时对口腔溃疡、牙周炎、牙龈出血、咽喉发炎均有很好的改善作用。搭配营养丰富的鸡蛋，就这样简简单单地抓住你的胃。

材料 Ingredient

鸡蛋	2个
老姜丝	10克
当归	3克
枸杞	5克

调料 Seasoning

香油	1小匙
米酒	20毫升
沸水	250毫升

做法 Recipe

1. 热锅，以香油把老姜丝煎香，再加入沸水、当归和枸杞。
2. 将鸡蛋打入沸水中成蛋包，煮熟后加入米酒即可。

1
2
3-1 3-2

理想的进补料理

清炖羊肉

羊肉肉质细嫩，而且容易消化，它是一种高蛋白、低脂肪、高磷脂食物，与猪肉和牛肉比较，其脂肪的含量都要少，且胆固醇含量也少。用当归、枸杞、姜片炖煮的清炖羊肉，汤色清亮、独有的鲜香、清爽不燥又具强筋健骨、滋补之效。

材料 Ingredient

A:

羊肉块	600克
洋葱片	80克
老姜	40克

B:

蒜仁	20克
当归	1片
枸杞	适量
红枣	6颗

调料 Seasoning

水	600毫升
米酒	600毫升
盐	1小匙
冰糖	1小匙

做法 Recipe

1. 老姜洗净切片备用。
2. 羊肉块洗净，放入沸水中余烫，捞起洗净，沥干备用。
3. 将做法2的羊肉块、洋葱片、所有的材料B、老姜片、水和米酒一起放入锅中。
4. 将做法3放入电锅内，外锅加入2杯水，待开关跳起后，外锅再加2杯水续煮，再加入盐和冰糖拌匀即可。

小贴士 Tips

- 吃羊肉的最佳季节是冬季，在冬季，人体的阳气潜藏于体内，所以身体容易出现手足冰冷，气血循环不良的情况。羊肉味甘而不腻，性温而不燥，具有补肾壮阳、暖中驱寒、温补气血、开胃健脾的功效，因此冬天吃羊肉，既能抵御风寒，又可滋补身体。如果你没有高血压、发热感染、体质偏热等不健康问题以及爱熬夜，那么你可以享受羊肉。

唇齿留香

桂花虾

虾的营养丰富、肉质松软、易消化，对病后以及身体虚弱的人是一种极好的食物。它可以减少血液中胆固醇含量，同时还能扩张冠状动脉，有利于预防高血压及心肌梗死。虾的含钙量也是各种动植物食品之冠，因此特别适宜老年人和儿童食用。鲜虾在滋补药材参须、当归的搭配下，滋补效果更强，营养更丰富。

材料 Ingredient

鲜虾	300克
参须	15克
当归	适量
陈皮丝	10克
桂花	适量
枸杞	少许
葱段	10克
姜段	10克

调料 Seasoning

盐	少许
绍兴酒	50毫升
米酒	50毫升

做法 Recipe

1. 鲜虾修剪完头须，洗净沥干放入容器中。
2. 先加入30毫升的米酒拌匀，再加入少许盐、葱段和姜段拌匀，腌约5分钟备用。
3. 参须略洗净，放入容器中，加入20毫升米酒泡软备用。
4. 将做法1的鲜虾放入盘中，放入做法3的参须、当归段、陈皮丝、桂花、枸杞和绍兴酒。
5. 再将做法4盛盘的鲜虾，放入蒸锅中蒸约8分钟即可。

小贴士 Tips

- 米酒腌制虾的时间尽量长点。

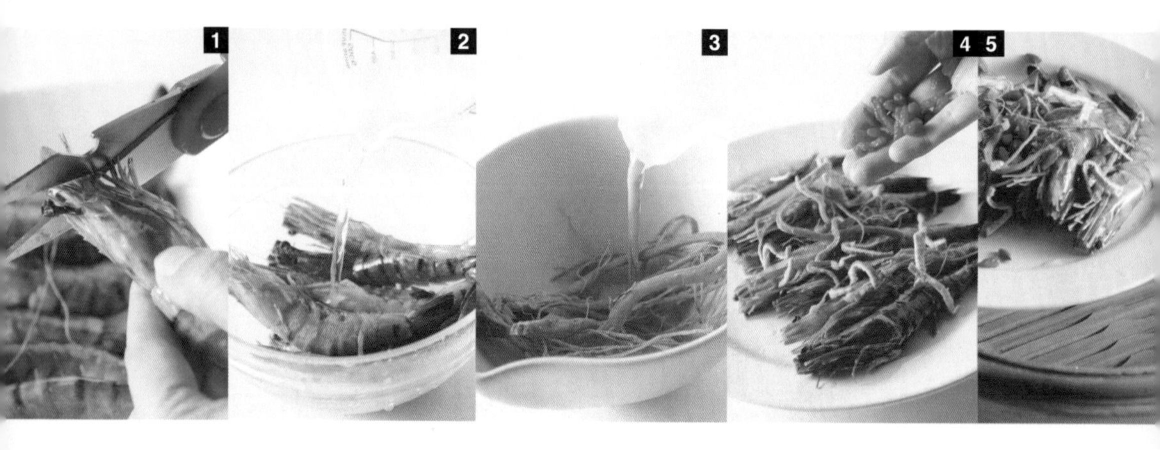

不能辜负的美意

水漾芙蓉

由鲜美嫩口的虾仁、味道极鲜的干贝以及香菇为食材组成的美食艺术品——水漾芙蓉，鲜味十足、口感如牛奶般丝滑。爱吃鸡蛋羹的人肯定会爱上这道料理。没有复杂的步骤，只有丰富的营养和超赞的美味。

材料 Ingredient

干贝	12克
香菇	12克
虾仁	65克
鸡蛋	4个

调料 Seasoning

A:

米酒	10毫升
盐	4克
香油	4毫升
酱油	4毫升

B:

高汤	480毫升

做法 Recipe

1. 将干贝、香菇分别洗净以冷水浸泡至软，加入米酒，放入蒸锅中以中火蒸约15分钟至熟透，取出后干贝撕成丝状，香菇切片，备用。
2. 虾仁去肠泥，用盐（分量外）抓洗干净备用。
3. 将鸡蛋加入剩余调料A打散后加入做法1的干贝丝、香菇片、做法2的虾仁与高汤，一起用小火蒸10~12分钟至熟即完成。

念念不忘的味道

姜丝枸杞南瓜

小时候，妈妈总是将家里种的南瓜摘下来，给我做一道姜丝枸杞南瓜。姜的香气和南瓜形成的浓郁汤汁，带点咸甜味，非常好吃。长大后依然很爱吃南瓜，不知道是爱南瓜的那种浓郁口感，还是因为那念念不忘的味道，总觉得吃南瓜好似能感受到母亲的气息。

材料 Ingredient

南瓜	150克
枸杞	5克
姜	10克

调料 Seasoning

盐	1小匙
鸡粉	1/2小匙
水	50毫升

做法 Recipe

1. 南瓜去籽洗净切大块；姜洗净切丝备用。
2. 将做法1的南瓜放入盘中，加入姜丝、枸杞及所有调料。
3. 放入蒸锅中，以大火蒸约7分钟即可。

蒸出来的鲜香

蒜蒸鸡

用锡箔纸包裹低热量且味道鲜美的鸡肉与风味浓郁又具有杀菌功能的大蒜，一起蒸出一道入味、鲜嫩、诱人色泽的蒜蒸鸡。这种料理方法将大蒜的蒜味发挥得淋漓尽致，让蒜为整道料理提香提味，也有生津开胃之效。

材料 Ingredient

鸡腿块　600克
蒜仁　100克

调料 Seasoning

盐　1/2小匙
白胡椒粉　少许
米酒　100毫升

做法 Recipe

1. 鸡腿块洗净，放入容器中备用。
2. 在做法1的鸡腿块中加入所有的调料混匀，腌约30分钟备用。
3. 取1张锡箔纸，放入做法2的腌鸡块和去头尾的蒜仁后，再取1张锡箔纸盖上，将锡箔纸四边包紧。
4. 再放入蒸锅中蒸约1小时即可。

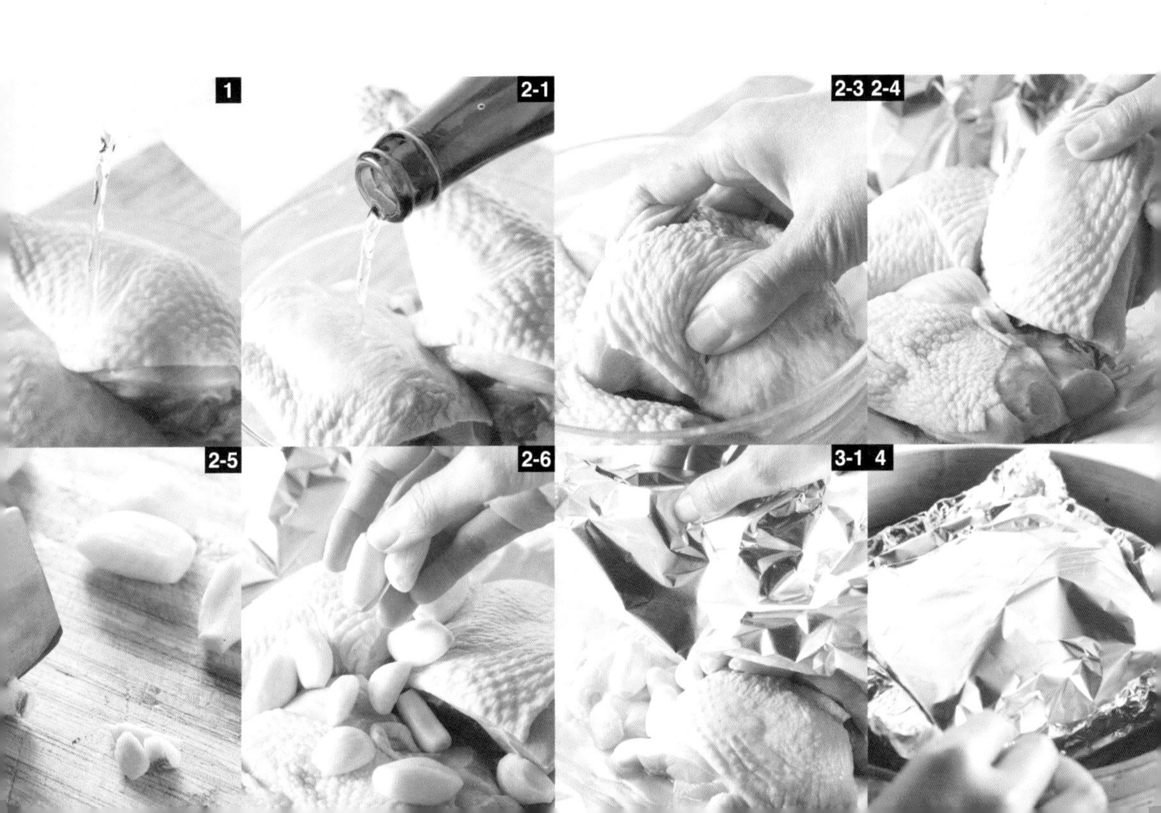

暖胃滋养饭

香油鸡糯米饭

用香油煸香姜片，姜汁溶解在香油中，可以增加身体的抗寒能力，达到温补的效果。加上鸡肉、糯米，焖煮出来这热腾腾的一锅，滋味香醇浓厚，天气寒冷，吃上一碗香气扑鼻的香油鸡糯米饭，暖胃又滋养，特别有饱足感！而且用电锅来做非常简单方便，只要把料炒好，往锅中一倒，就等着享用美味吧。

材料 Ingredient

糙米	150克
长糯米	50克
大米	250克
土鸡肉块	600克
姜片	40克
葱丝	少许

调料 Seasoning

香油	2大匙
米酒	100毫升
水	400毫升
盐	少许

做法 Recipe

1. 土鸡肉块洗净，放入沸水中汆烫去除血水，再捞起冲水，沥干。
2. 糙米洗净，泡水约5小时后沥干；大米、长糯米各洗净沥干，备用。
3. 热锅，加入2大匙香油，放入姜片炒至微卷曲，再放入做法1的土鸡肉块拌炒至香味散出，再加入米酒炒至略收干，盛出备用。
4. 将做法2的糙米、大米、长糯米、做法3的材料和水放入电锅内锅中，于外锅加入2杯水，盖上锅盖，煮至开关跳起，焖5～10分钟，最后加入少许盐和葱丝拌匀即可。

小贴士 Tips

- 热腾腾的香油鸡汤虽然补身好喝，但也有许多人不喜欢鸡汤油腻的口感，不妨试着煮这道香油鸡糯米饭，不仅补身，搭配着饭吃一点也不会觉得油腻，只有满口香气。

藏在猪肚里的美味

布袋羊肉

布袋羊肉是一道极具创意的菜，将羊肉与桂皮、当归、红枣、黄芪等中药一起塞在猪肚里面蒸煮，融合猪肚与羊肉的美味，吸收了各种食材的精华，让其变成一道能补血补气、防寒温补的风味独特料理。猪肚富有嚼劲的口感、羊肉的鲜美滋味，紧紧抓住冬天饥饿的胃。

材料 Ingredient

猪肚 1个
羊肉块 1200克
姜片 15克

洗猪肚材料

盐 2大匙
面粉 1/2杯
花生油 1大匙

药材 Medicine

姜片 10克
当归 15克
黄芪 30克
红枣 10颗
枸杞 15克
桂皮 15克
陈皮 15克

调料 Seasoning

水 1000毫升
盐 1小匙
米酒 500毫升

做法 Recipe

1. 先剪掉猪肚多余的油脂，冲水洗去杂质，翻面再加入2大匙盐搓洗，接着加入面粉和花生油搓洗干净，再翻面回来冲洗干净。
2. 羊肉块洗净；药材洗净备用。
3. 在做法1的猪肚中放入做法2的羊肉块、姜片和2/3分量的中药材。
4. 接着用绳子将猪肚口绑好，放入沸水中汆烫一下。
5. 将做法4的猪肚捞出后，放入容器中，加入剩余1/3分量的中药材，加入水和米酒，放入蒸笼中蒸约2小时，再加入盐蒸约15分钟。
6. 食用时，将做法5的猪肚剪开，再剪小块即可。

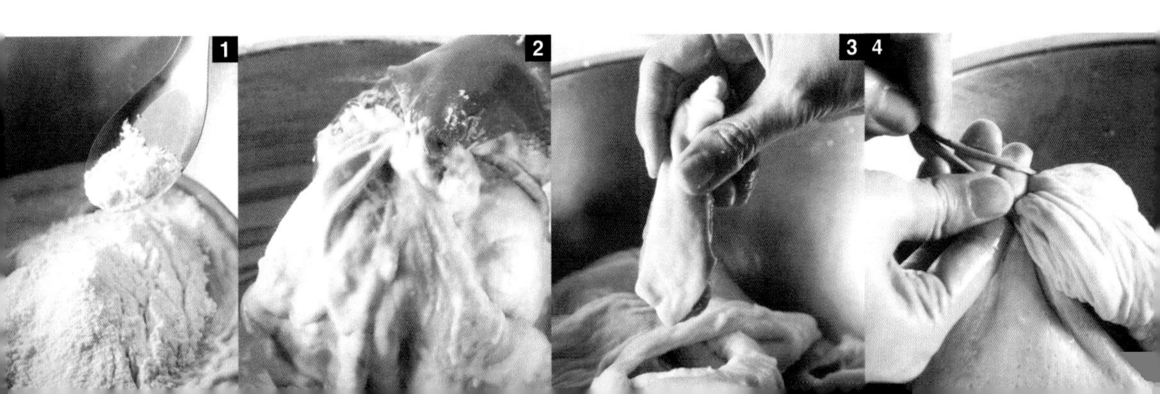

清清淡淡的营养

蔬食豆腐煲

开胃清热、滋补养生又微甜而脆的莲藕，被称“小人参”的胡萝卜，高钾低钠的土豆，有着鲍鱼口感具有杏仁香味的杏鲍菇和益气、补虚的豆腐，在何首乌、人参须、茯苓的加入下，滋补功效大大增强。这款汤清淡营养，很适合清淡饮食者。

材料 Ingredient

莲藕	60克
土豆	40克
胡萝卜	30克
豆腐	40克
杏鲍菇	80克

调料 Seasoning

水	800毫升
盐	1大匙

药材 Medicine

何首乌	40克
人参须	20克
茯苓	2片

做法 Recipe

1. 莲藕、土豆、胡萝卜都洗净去皮；杏鲍菇、豆腐洗净，备用。
2. 莲藕、胡萝卜切成片状；土豆、杏鲍菇切滚刀块状；豆腐切厚片。
3. 取一汤锅，放入800毫升水煮沸，放入做法2的莲藕片、胡萝卜片和土豆块煮熟。
4. 续放入做法2的豆腐片、杏鲍菇块和所有药材，加盖，以小火焖煮5～6分钟，起锅前加盐调味即可。

冬天的温暖

烧酒鸡

烧酒鸡是一道传统药膳，米酒、鸡肉、老姜一起煮，煮好了整锅端上桌，能驱风祛寒，舒筋活血，陪伴家人好友度过寒冬。适宜冬天容易手脚冰冷的人以及血虚者食用。烧酒鸡的做法可按个人喜好加多一点酒，由于酒精在煮的过程中大部分挥发掉，并不容易醉，可以放心食用。

材料 Ingredient

鸡肉	1/2只
老姜片	20克

调料 Seasoning

米酒	400毫升
水	300毫升

药材 Medicine

川芎	10克
黄芪	10克
当归	3克
枸杞	10克
桂枝	7克
红枣	2颗

做法 Recipe

1. 鸡肉洗净，放入沸水中汆烫，再捞起沥干备用。
2. 所有药材略洗净后备用。
3. 取锅，放入做法2的药材、老姜片、水及米酒煮沸，再放入做法1的鸡肉煮沸，改转小火煮20~30分钟即可。

养颜圣品

人参红枣鸡粥

人参红枣鸡粥能补气养血，使气血充盛；滋养脏腑；滋润肌肤使容颜常驻。粥中人参有大补元气、健脾补肺等功效，尤其人参中所含的多种三萜皂甙和多种维生素，可增强人体各系统功能从而起健体抗衰老的作用。加上同样滋补的红枣与鸡肉，滋补效果更佳。

材料 Ingredient

鸡肉块	400克
大米	1杯
姜丝	5克

调料 Seasoning

盐	1.5茶匙
白胡椒粉	1/4茶匙
水	1600毫升

药材 Medicine

参须	10克
红枣	6颗

做法 Recipe

1. 大米洗净；鸡肉块放入沸水中汆烫去血水；所有中药材稍微清洗后沥干，备用。
2. 将所有材料、中药材及水放入电锅内锅，外锅加1杯水(分量外)，盖上锅盖，按下开关，待开关跳起，续焖30分钟后，加入剩余调料拌匀即可。

送给女人的健康礼物

参芪乌骨鸡汤

用乌鸡加上各种有益的中药煲汤,既能令乌鸡更加美味，又能靠药膳调补身体。这是一款温补的药膳，能滋阴润燥、补中益气，很适合秋冬季节吃。参芪乌骨鸡汤是上天送给送给女人的健康礼物，喝了不上火，又可以滋补。

材料 Ingredient

乌骨鸡腿	1只
老姜片	5片

调料 Seasoning

水	400毫升
米酒	300毫升

药材 Medicine

炙甘草	10克
熟地	5克
黄芪	10克
杜仲	10克
当归	5克
白芍	10克
红枣	5颗
人参	3克
茯苓	10克

做法 Recipe

1. 乌骨鸡腿洗净切块，放入沸水中汆烫去除血水，再捞起沥干备用。
2. 所有药材略洗净后备用。
3. 将做法2的药材、米酒、水、老姜片和做法1的鸡肉块放入电锅，于外锅加入1.5杯水，盖上锅盖，按下开关。
4. 待开关跳起后，继续焖5~10分钟即可。

四物鸡汤

四物鸡汤是一道养血活血之方，其味道鲜美，能滋阴补血，增进血液循环，红润脸色，适合一般人士饮用。它能调经，减缓女性痛经，经期后饮用尤为适宜。但感冒、脾胃湿热、腹泻的人不适合饮用。

材料 Ingredient

土鸡肉　1/2只
姜片　10克

调料 Seasoning

水　600毫升
米酒　300毫升

药材 Medicine

何首乌　10克
熟地　5克
黄芪　10克
杜仲　10克
当归　7克
黑枣　6颗
枸杞　5克

做法 Recipe

1. 土鸡肉洗净切块，放入沸水中汆烫，再捞起沥干备用。
2. 所有药材略洗净后备用。
3. 将所有药材、水、米酒及姜片、做法1的土鸡肉块放入电锅内锅中，再放入电锅中，于外锅加入1.5杯水，盖上锅盖，按下开关。
4. 煮至开关跳起后再焖5～10分钟即可。

安神益气养颜

枸杞炖猪心

枸杞猪心汤能健脑除烦、养心益智、增强免疫力以及延缓衰老。枸杞性味甘平，含有大量的蛋白质、氨基酸、维生素和铁、锌、钙、磷等人体所必需的养分，能够滋养肝肾、养血生精、增强人体免疫力。而猪心营养丰富，具有养心安神的作用，两者搭配炖成一道理想的冬季滋补料理。

材料 Ingredient

猪心	350克
枸杞	10克
姜片	10克
川芎	2片
黄芪	5克

调料 Seasoning

米酒	2大匙
盐	1/4小匙
水	500毫升

做法 Recipe

1. 将猪心洗净，汆烫。
2. 将做法1猪心、其余材料和米酒、水放入电锅内锅中，外锅加1杯水，按下开关。
3. 开关跳起后，焖约10分钟，取出猪心切片，再放回电锅，加入盐拌匀，焖5分钟即可。

补补更健康

当归羊肉汤

当归羊肉汤主要用于补益身体，羊肉温中补虚，当归补血、缓急止痛，生姜温中健胃。它用于改善脾胃虚寒，里急腹痛，肋痛，或气血不足，这道汤中的羊肉经过长时间炖煮会酥烂，融合在汤汁里，让汤汁喝起来更加鲜美。冬季喝上一碗，强身健体，驱寒暖胃！

材料 Ingredient

带骨羊肉	400克
米豆	50克
姜片	15克

药材 Medicine

当归	5克
黄芪	30克
党参	10克

调料 Seasoning

香油	1大匙
米酒	200毫升
水	800毫升

做法 Recipe

1. 羊肉切块，洗净以沸水氽烫后捞起沥干。
2. 米豆洗净，浸泡约5小时，备用。
3. 姜片先用香油炒至微卷曲，再放入做法1的羊肉块炒香，接着加入水和所有药材、米豆、米酒，煮至水沸腾后，改转小火煮约1小时即可。

四季皆宜

归芪炖排骨

归芪炖排骨具有助火功效，食用后可让全身发热，促进血液循环，改善冬天手脚冰冷及畏寒的症状；此外它对于筋骨酸痛、淤血、四肢酸痛等症状颇有改善、舒缓的功效，也较适合年纪大的人食用。加上精选的新鲜排骨，一碗下肚，能补精益气，是一道四季都适宜的温补药膳。

材料 Ingredient

排骨 600克
姜片 10克

调料 Seasoning

盐 1.5茶匙
米酒 50毫升
水 1200毫升

药材 Medicine

黄芪 10克
当归 8克
川芎 5克
熟地 5克
黑枣 8粒
桂皮 10克
陈皮 5克
枸杞 10克

做法 Recipe

1. 排骨放入沸水中汆烫去血水；除当归、枸杞、黑枣外，将其余中药材洗净后放入药包袋中，备用。
2. 将药包袋、其余中药、米酒、水与所有材料放入电锅中，外锅加1杯水（分量外），盖上锅盖，按下开关，待开关跳起，续焖20分钟后，加入盐调味即可。

暖暖的滋味

核桃栗子牛腩汤

低脂肪、高营养的牛腩，益心脾、补气血、味浓香甜的桂圆肉，补脑益智的核桃，养胃健脾、补肾强筋的栗子相互交融出一碗浓浓鲜香、营养美味的滋补汤，尤其牛腩酥烂，板栗糯香，这滋味与口感让舌头停不下来。就这样柔缓而平稳地安抚着食客们的胃。

材料 Ingredient

牛腩	300克
桂圆肉	15克
核桃	40克
去壳鲜栗子	100克
姜片	10克

调料 Seasoning

米酒	50毫升
盐	1/2茶匙
细砂糖	1/2茶匙
水	1000毫升

做法 Recipe

1. 核桃及栗子略冲洗沥干备用。
2. 将水加入锅中，煮沸后放入做法1的材料及牛腩块、桂圆肉、姜片、米酒。
3. 盖上锅盖煮沸后，改转小火炖煮约1小时，再加入盐和细砂糖调味即可。

小贴士 Tips

电锅做法：内锅水：600毫升　外锅水：3杯

将上述食谱材料（调料中的水不用加入）处理好放入内锅中，再加入600毫升的水，外锅加入1杯水，按下电锅开关煮至开关跳起后，等约5分钟让电锅稍稍变凉，于外锅再加入1杯水，按下电锅开关煮至开关跳起，重复上述步骤至外锅水用完，电锅开关跳起，加入全部调料拌匀即可。

食材特点 Characteristics

核桃仁：核桃仁含有丰富的营养素，100克中含蛋白质15~20克，脂肪极少，碳水化合物10克；并含有人体必需的钙、磷、铁等多种矿物质，以及胡萝卜素、核黄素等多种维生素。能补脑益身，深受大家喜爱。

栗子：栗子有“干果之王”的美称，是一种益肾益气的“补药”。栗子含有核黄素，常吃栗子对日久难愈的小儿口舌生疮和成人口腔溃疡有益。其中所含的丰富的不饱和脂肪酸和维生素、矿物质，能防治高血压、冠心病、动脉硬化、骨质疏松等疾病，是一种抗衰老、延年益寿的滋补佳品。

比春天更有滋味

黄芪糖醋排骨

黄芪糖醋排骨是一道春季滋补养生佳品。黄芪能补中益气，而且补而不伤，常食用黄芪可改善气血两亏，增强体质，延年益寿，再配上枸杞等药材一起食用，效果会更佳。而猪排骨能壮腰膝，益力气，补虚弱，强筋骨，搭配起来就能烹饪成一道绝好的滋补保健美食。

材料 Ingredient

排骨	600克
红椒片	60克
青椒片	60克
洋葱片	50克

药材 Medicine

黄芪	10克
红枣	5颗
枸杞	3克

腌料 Marinade

酱油	1小匙
盐	少许
细砂糖	少许
米酒	1大匙

调料 Seasoning

A:

色拉油	适量
地瓜粉	少许
水	250毫升
太白粉水	少许
番茄酱	2大匙
香油	少许

B:

白醋	2大匙
细砂糖	1大匙
盐	1/4 小匙

做法 Recipe

1. 将中药材洗净沥干，加入水放入蒸锅中，蒸约15分钟后，将药材汤汁沥出备用。
2. 排骨洗净沥干，加入所有的腌料拌匀腌1小时，再加入地瓜粉拌匀放置5分钟，放入热油锅中炸熟后，改转大火续炸一下，捞出沥油备用。
3. 在做法2的油锅中续放入洋葱片、红椒片和青椒片过油一下，捞出沥油。
4. 另取锅烧热，加入1大匙色拉油，放入番茄酱炒香，加入做法1的药材汤汁，放入所有的调料B和做法2的炸排骨煮至沸腾。
5. 加入做法3的洋葱片、红椒片和青椒片煮至入味，最后淋入太白粉水勾芡，淋入香油即可。

明目补血味鲜美

猪肝汤

猪肝含丰富的蛋白质及动物性铁质，是营养性贫血儿童较佳的营养食品。它还含有大量的维生素A，有助于幼儿的骨骼发育，促进表皮组织修复，对夜盲症有一定预防作用。猪肝在老姜丝与葱花等佐料的调味下，味道鲜美不腥，还能补肝明目、补血、去除毒素、增强人体免疫力。

材料 Ingredient

猪肝	200克
老姜丝	10克
葱花	5克

调料 Seasoning

香油	1小匙
米酒	2大匙
水	400毫升
盐	1/4小匙

做法 Recipe

1. 猪肝切薄片洗净，加入1大匙米酒拌匀腌渍去腥。
2. 将水煮沸，加入老姜丝、做法1的猪肝片，再加入1大匙米酒煮沸且将猪肝煮熟。
3. 最后加入盐拌匀调味，洒入香油，撒入葱花略煮即可熄火。

滋补养身

香油鸡

香油鸡是一道风味名肴，是以鸡腿为主料，加入香油烹制而成，成菜色泽红润、鸡肉酥软，令人食欲大增。正如鸡肉中蛋白质的含量高，而且消化率高，很容易被人体吸收利用，有增强体力、强壮身体之效，因此这道香油鸡能滋补养身。鸡肉肉质细嫩，滋味鲜美，在香油的佐味下，更加得美味。

材料 Ingredient

土鸡肉块　900克
姜片　50克

调料 Seasoning

水　900毫升
米酒　300毫升
香油　3大匙盐
1/2小匙
冰糖　1/2小匙

做法 Recipe

1. 将土鸡肉块洗净，汆烫备用。
2. 热锅后加入香油，放入姜片炒至微焦，再放入做法1的土鸡肉块，炒至变色后先加入米酒炒香，再加入水煮沸，转小火煮30分钟。
3. 最后加入剩余调料煮匀即可。

小贴士 Tips

- 热腾腾的香油鸡汤营养丰富、味美且满口留香，但因加入香油，难免会有一丝油腻，口味清淡的人切忌不要贪吃！

温暖你的心

姜丝羊肉片汤

这道姜丝羊肉汤能养气补血，羊肉温补，含蛋白质、脂肪、碳水化合物、维生素B_1、维生素B_2、尼克酸、钙、磷、铁等，可补足元气，十分适合冬天食用。其性温味咸，可温中散寒，化滞，健脾益气，温补肾阳，对虚劳羸瘦，乳汁不下有一定改善功效。肉烂汤鲜，美味不停。

材料 Ingredient

羊肉片	150克
小白菜	50克
枸杞	5克
当归	5克
姜片	15克
姜丝	少许

调料 Seasoning

水	500毫升
香油	2大匙
盐	1/4小匙
鸡粉	1/4小匙
米酒	1大匙

做法 Recipe

1. 小白菜洗净切段，氽烫备用。
2. 热锅，加入香油，放入姜片以小火爆香，再加入枸杞、当归和水煮至沸腾，取出姜片和当归。
3. 续于做法2锅中加入羊肉片煮至变色，再加入其余调料煮匀，最后加入小白菜和姜丝即可。

补肾强筋骨

红烧羊骨汤

红烧羊骨汤中的羊骨富含钙质、骨胶原、骨类黏蛋白、弹性硬蛋白，还有中性脂肪(量比较多)、磷脂和少量的糖元等营养物质。羊骨汤一直以来就被认为是大补之物，冬天正是虚寒入体之时，需要羊骨头汤来驱寒保暖。羊骨头汤的营养价值就体现在补肾、强筋骨，改善虚劳羸瘦、腰膝无力、筋骨挛痛、久泻、久痢等症状。

材料 Ingredient

羊大骨	1200克
姜片	30克

药材 Medicine

草果	3颗
桂皮	15克
花椒	10克
丁香	10克
陈皮	10克

调料 Seasoning

水	2800毫升
米酒	200毫升
色拉油	少许
辣豆瓣酱	2大匙
酱油	1大匙
盐	1小匙
冰糖	1/2小匙
鸡粉	少许

做法 Recipe

1. 羊大骨洗净，放入沸水中氽烫约8分钟，捞出冲水沥干，放入锅中备用。中药材料洗净沥干备用。
2. 取锅烧热，加入少许色拉油，放入姜片爆香，加入辣豆瓣酱炒香，再加入酱油和水煮至沸腾后，倒入做法1的锅中。
3. 接着放入所有的中药材，煮至再度滚沸腾后，改转小火煮约90分钟。
4. 再加入盐、冰糖和鸡粉调味，续煮10分钟即可。

附录

吃菇也要认识菇

随着养生风兴起，许多餐厅料理都会以菇类作为主菜，它含有丰富多醣体，对人体非常有益， 但是光是菇就有很多种类，到底该怎么烹调？我们这就告诉你菇类有哪些，各种菇类的特性。

1. 香菇

香菇是中式料理中不可或缺的菇类，算是最常见的菇类之一，干燥后会有浓郁的香味，因此得名；而新鲜香菇香味淡，但肉质肥厚，口感非常好，适合各种料理方式。

2. 杏鲍菇

因具有杏仁香味，口感似鲍鱼，故名为杏鲍菇。经济价值高、风味佳，所以除了炒炸，日本也流行将杏鲍菇切片后汆烫，当素生鱼片食用。

3. 姬松茸

因原产地在巴西高山，又称“巴西蘑菇”，喜低温潮湿的环境。单价高、营养价值也高，也富含麦角固醇，可改善骨质疏松。后来美国菇农使用温室控温技术，大量培植，中国也有菇农培植。

4. 松茸菇

近几年较流行的菇类，由日本引进，口感清脆，味道鲜美，日本人常用来煮火锅。而中式料理则可炒、可炸，蒂头略带苦味，但不减其风味。

5. 柳松菇

又称“茶树菇”长着圆柱形菇伞，菇茎细长，因常生于茶树或松树上而得其名，原产于浙江、福建、云南一带的两千米以上的山区。滋味清爽、纤维丰富，助消化。

6. 白灵菇

口感非常清脆的一种菇，没有特殊味道，用来清炒风味极佳。清脆带有韧性，与一般菇类的口感不同，因此也是这几年大受欢迎的菇类之一。

7. 蘑菇

又称“洋菇”，是世界上人工栽培最多的菇类，西方料理中常用，可煮汤、焗烤，甚至可生吃。但蘑菇表面非常嫩，受到撞击或挤压就会有褐色痕迹出现，因此只能靠人工采收。

8. 美白菇

又称“雪白菇”“精灵菇”，因整株呈现雪白色且菌体完整美丽而有“美白”的名称，并不是真的吃了就能美白。其口感清脆甘甜，适合热炒、凉拌。

9. 鲍鱼菇

菇面大而厚实，口感嫩有弹性，味道清爽，常以烩煮的方式料理，由于口感极佳又没特殊味道，常作为宴客料理的配菜。而近来常见到的秀珍菇也是鲍鱼菇的一种。

10. 珊瑚菇

也称“金顶侧耳菇”或“玉米菇”，珊瑚菇味道清香，颜色金黄鲜艳，但是太成熟味道会变重，颜色也没那么漂亮，在加热后金黄色的菇伞会变成淡淡的鹅黄色。

11. 草菇

草菇因采收后不耐放，因此大多制成罐头。新鲜草菇本身味道淡，但有种特殊味道，有些人不大能接受，在料理前可以先汆烫去除，适合煮汤、热炒。

12. 金针菇

古时称作“秋蕈”，现在经过人工栽培，一年四季都可以采收，价格平实，属于平价亲民的食材，不少人喜欢用来作为火锅料，或添加在勾芡料理中。

一朵香菇全利用

香菇、干香菇这类较大且肉厚、有菇梗的菇类，整朵吃和单纯吃菇蕈的口感完全不同，想要一菇全利用，以下教你简单的处理方法。

1.切丁：鲜香菇和干香菇也可以切成小丁，做成炸酱，或是加入馅料中，增加口感。

2.切片：鲜香菇最常见的利用方式就是切块或切片，拿来清炒或搭配其他食材炖煮都很适合。

3.搅泥：市售的干香菇蒂使用前必须先泡水还原，再用食物搅拌机打成泥，加入炸酱中不仅可增加纤维，还会更好入口。

4.剥丝：鲜香菇的蒂切除之后，不要轻易丢弃，可用手剥成细丝，油炸后再调味就是一道美味佳肴。

常见菇类的挑选和料理前处理

鲜香菇

好的鲜香菇必须选择伞部较为圆厚且无缺口，菇轴的水分呈现饱满状，里面菌丝的部分则以白色为佳。鲜香菇最适合裹粉后油炸。

1. 料理前必须先将根部沾土的部分切除。
2. 再仔细用清水将伞部和菇轴部分洗干净。
3. 煮火锅、熬汤时可在菇伞地方轻划上十字纹，增加视觉效果。
4. 如是要作配汤料、热炒，可将鲜香菇削厚片或切薄片。

金针菇

购买金针菇时可挑选有名产区，且色泽鲜艳白皙，伞部平滑有水分者；金针菇通常搭配火锅食用，但其实拿来作烧烩料理也不错，风味独特。

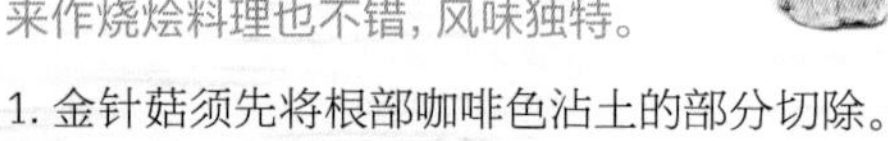

1. 金针菇须先将根部咖啡色沾土的部分切除。
2. 清洗时可用手慢慢将其分离后再一一洗净。

杏鲍菇

口感和鲍鱼相似的杏鲍菇如其名吃起来带有杏仁的香气，且根部韧性十足。杏鲍菇被切片后熬汤或热炒皆宜。

1. 将杏鲍菇根部沾土部分削除后，以清水洗净。
2. 杏鲍菇可整颗烧烤，大多切薄片热炒或熬汤。

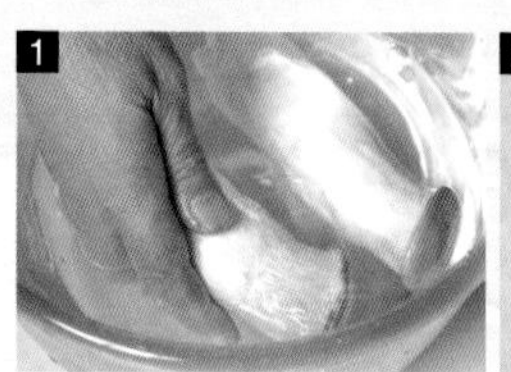

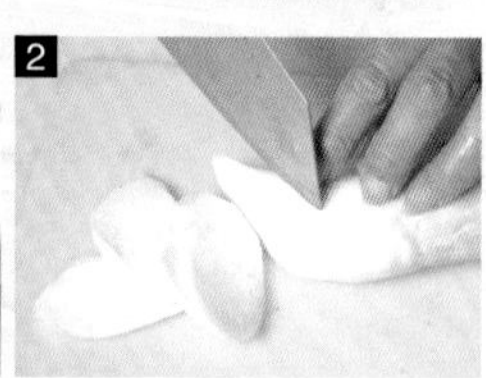

蘑菇

买蘑菇时要注意伞部是否有黑点或破损，则为质量不良品。好的蘑菇其伞部必须呈现圆墩形且扎实，根部则要粗厚无黑点，闻起来要有菇的香味才好。蘑菇是全世界人工栽培最多的菇类之一，表面嫩因此仅能靠人工采收。

1. 将根部脏的部分切除。
2. 用水清洗时可用手轻轻将菇伞的脏污搓掉。
3. 如想要作热炒或是酱汁配料可以切成薄片。
4. 如是想要整颗作汤或是勾芡料理，可事先加以汆烫至软。

特色菇类的挑选和料理前处理

松茸菇

挑选要诀：松茸菇纤维细致，且吃起来比金针菇更饱满，具有甘甜味，品种有分黄色与银白色两种，差别在于吃起来的口感和咬劲。挑选时要注意伞部是否圆厚，根部是否粗壮，以粗壮者为佳。秋冬则是其盛产的季节，当然也有日本进口品种可供选择。大多拿来当火锅料或做烧烩料理等。

料理前处理：整颗取下后，将根部咖啡色部分切除，用手慢慢将其分离，再一一洗净，就可以直接料理。

白灵菇

挑选要诀：白灵菇外形和金针菇类似，但菇体较大且较硬，吃起来脆脆的有咬劲。购买时要注意外观是否洁白，根部粗厚且扎实有水分，闻起来没有酸味或霉味者为佳。

料理前处理：处理时只需要稍微切除根氧化或咖啡色沾土的部分，慢慢用手将其菇蕈内外和菇体一一洗净即可。

美白菇

挑选要诀：购买时要注意是否外观洁白，根部粗厚且扎实有水分，闻起来没有酸味或霉味者为佳。

料理前处理：整颗取下后将根部咖啡色部分切除，用手慢慢将其分离，再一一洗净，就可以直接料理。

珊瑚菇

挑选要诀：新鲜的珊瑚菇伞呈现鲜艳的黄色，表面光滑且带有淡淡清香味。购买时可选择外观金黄，表面光滑，边缘微卷、薄而脆且易破裂，有清香味的为佳。放久之后味道会因为太浓而不好闻。

料理前处理：珊瑚菇含有大量的铁质，与水气接触后蒂头易氧化，颜色变黑，因此切除蒂头、洗净后就要尽快料理。

秀珍菇

挑选要诀：秀珍菇又称为蚝菇，外形与鲍鱼菇类似，但比较小。秀珍菇外观呈现浅褐色，选购时以菇伞完整且厚、破损少、菌柄短的为佳。也需注意是否具有弹性，若轻压即有压痕，表示较为不新鲜。

料理前处理：处理时只需要稍微切除根氧化或咖啡色沾土的部分，慢慢用手将菇体内外和菌折处一一洗净即可。

草菇

挑选要诀：新鲜的草菇外观会包着一层薄薄的菇伞，且外观完整没有破损，呈现自然的灰黑色，闻起来带有一点点特殊酸味。挑选时要选择菇伞尚未打开者为佳。

料理前处理：草菇有股特殊的气味，许多人吃不惯，在料理前可以先将草菇对切或切片，再放入沸水中汆烫，去除草菇本身的独特气味，再下锅料理，味道会更好。

菇类速配料理法

料理法有百百种，而菇类要怎么烹调才对味？料理时又有什么重点要注意？在这就要告诉你适合菇类的几种常见的料理方式。

煎 煎的料理方式简单，料理的时间也比较短，所以不适合肉厚的菇类或整朵菇下去做。菇类在用煎的方式料理时，最好事先切成薄片，中间才不会煎不熟，吃起来带有生味。另外煎蛋、煎饼时也可以加入菇类，口感更好。

烩 菇类有弹性的口感，非常适合用烩的方式处理，菇的蕈折可以吸附汤汁，加上芡汁吃起来口感更加顺滑。又以软质的菇类更加适合，例如秀珍菇、金针菇等。

炒 一般菇类都适合用热炒的方式处理，菇类经过热炒的过程会产生浓郁的香气，尤其是经过干燥过的菇类，例如干香菇，泡发后再炒，香气依旧十足。

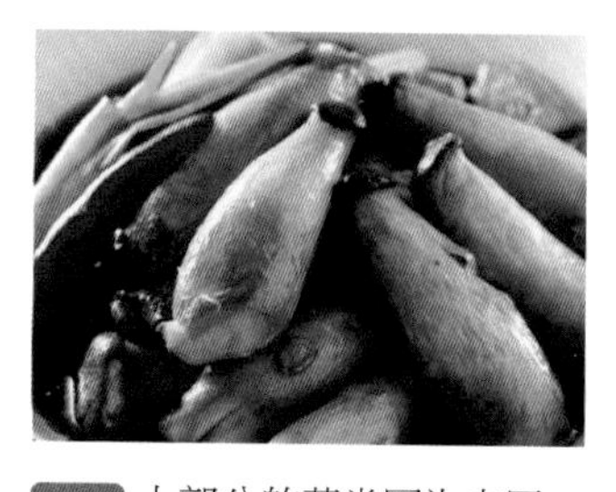

卤 大部分的菇类因为肉厚，煮过之后不会收缩太多，都有久煮不烂的特性，用来卤炖非常适合，加上菇类非常能吸收汤汁，因此炖卤后风味十足，又不容易太软烂或过咸。

炸 炸过的菇类外表非常酥脆，而内部却咬劲十足。肉质厚实且较扎实的菇类适合用来酥炸，例如杏鲍菇、鲜香菇等；而金针菇这类质较软且肉不多的菇类，油炸的温度和时间就不能太长，而且一定要裹粉。

拌 几乎所有菇类都适合水煮后用拌的方式料理，因为菇类本身带有特殊香气，风味十足却又不会过度强烈。只要事先烫熟，再佐上喜欢的调料，不用复杂的烹调，就是一道非常清爽美味的佳肴了。

烤 菇类大部分有浓郁的香味，再烤过后风味更佳。肉质较厚的菇类可以直接在炭火上烤或是直接入烤箱烤，但是软质菇类像是金针菇，最好在烤之前先用锡箔纸包起再烤。

菇类料理美味Q&A

在做菇类料理时常常会有许多疑问，以下我们列出几种做菇类料理时常见的问题，了解问题出在哪，料理更能事半功倍。

Q1：买菇类时要怎么挑选？

首先要注意外观是否完整，如果有破损建议不要选购，此外摸起来要有弹性，新鲜的菇类都非常有弹性，再来就是闻一闻有没有酸味，新鲜的菇类应该带有清香味。如果是袋装就要注意是否有水气，有水气表示存放太久。

Q2：干香菇一次买一整包，没吃完要怎么保存？

干燥的香菇有特殊的香气，一般来说干香菇只要密封放在干燥处，味道不会变太多，但因为有时天气潮湿，若没有妥善的保存，香菇很容易会有霉味产生。建议买来尽快吃完，若放置的时间会较久，最好密封装好，再放入冰箱中保存。

Q3：蘑菇切后会变黑，应该怎么保护？

蘑菇一切开或受到损伤，表面就会氧化变成黑褐色，为了料理美观可以先用冰盐水浸泡过，除了可以减少蘑菇氧化，也能保持蘑菇本身的口感。

Q4：菇类在料理后都会产生很多水分，该怎么解决？

大部分的菇类都含有大量的水分，因此在料理之后会出水，为了不破坏料理的美观与味道，事先可以先汆烫过，就可以减少菇类出水的状况，但在料理后也要尽快食用，放久了还是会渗出一些水分，口感跟风味都会打折扣。

Q5：菇类料理有种特殊味道，不喜欢怎么办？

一般来说菇类都是带有清香味，但是本身略有种特殊的味道，有人会认为是一种菇腥味或霉味，其实只要在料理前用加了米酒的水清洗过或汆烫过，就可以去除这种味道了。

Q6：菇类怎么炸才不会太干？

一般菇类很少直接下锅油炸，因为水分很容易一下就炸干，而且吃起来含油量太高，所以最好是裹粉后再下锅，口感也会比较好。至于裹粉时，要注意面衣适中，太厚吃不到菇肉的原味，太薄又容易太干。

常用五谷杂粮介绍

养生饭除了谷类外还有不少杂粮，看似简单的食材却蕴含健康的元素，让这些五谷杂粮混合煮成一碗具有排毒养生作用的饭，代替大米饭，能改善身体机能，排除身体毒素，让气色更好，看起来又丰富美观。

01.米豆

米豆含有大量的蛋白质与淀粉，但因为有较高的热量，以往也会将米豆与白米一起煮，代替营养不足的大米，因此有此名称，不过却比单吃大米增添了风味。

02.杏仁

可分为北杏跟南杏，南杏味道甘甜又称作甜杏仁，北杏则略带苦味称作苦杏仁，而中医用药大都使用北杏仁。但不管哪一种杏仁都含有大量的维生素E，可以抗氧化、抗老化。

03.亚麻仁

有助于通肠润便，适用于体弱多病、产后肠燥便秘及习惯性便秘的人，适量食用亚麻仁可排除滞留体内的宿便、毒素。

04.莲子

是荷花的种子，以湖南的“湘莲”最有名。含丰富蛋白质、钙、磷、铁、淀粉等成分，有助气血循环，对健脾补肾、防止老化很有帮助。

05.栗子

含大量的淀粉，同时还含有蛋白质、脂肪、B族维生素等营养成分，可补肾，强筋骨，改善腰腿无力，因此也有“干果之王”的称号。

06.南瓜

南瓜是种营养价值很高的食材，有丰富的铁、钙，还有大量的胡萝卜素，可以补气、补血。多吃南瓜还可以使排便顺畅，改善肤质，对于女性养颜美容很有帮助。

07.菜豆

原产于中南美洲的菜豆，有丰富的膳食纤维，可以促进肠胃蠕动、帮助排便，并且可以去水肿、去脚气，也能降低胆固醇，预防心血管疾病的发生，但因淀粉较多，减肥者请适量食用。

08.高粱

又称蜀黍，有红高粱与白高粱两种，红高粱通常用于酿酒，白高粱则多当作粮食，能补气、健脾、养胃、止泻，适合消化不良的人食用。

09.碎玉米

碎玉米其实就是将玉米粒加工打成碎状，方便用来烹调使用，而玉米拥有淀粉、蛋白质、钙、胡萝卜素、核黄素与各种维生素，可以预防心血管疾病，还有抗癌的功效。

10.芡实

是一种睡莲科植物的种子，俗称“鸡头米”，是四神汤材料中不可或缺的食材之一，含有丰富的淀粉及少量的蛋白质、维生素等营养成分，中医常用来治疗腹泻、尿频。

11.薏仁

又称作红薏仁，因为未经过精制去除糙皮，所以较一般白色的薏仁有降血脂、美白、消水肿的功效外，还多了可以增强免疫力，适量食用有助于减少过敏的发生。

12.荞麦

被日本人奉为优良的保健食品，是因为荞麦不但可以降血脂，减低心血管疾病的发生，更含有许多对心血管有保护作用的微量元素，此外更能抗癌，是相当理想的养生食材。

13.地瓜、芋头

有大量膳食纤维的地瓜可以改善排便不顺、排除累积的毒素、中和体内酸性物质，更可预防心血管硬化。而芋头可强健牙齿与改善肤质。

14.红豆

用来消水肿、利气、健脾、清热，对于心脏、肾脏有很好的效益，此外红豆因为具有丰富的铁，有补血的功效，对于贫血的女性也有帮助。

15.红枣

常见于中药里的红枣有补中益气的功效，且能使血液中的含氧量增加，及具有养肝、增强体力的功效，很适合经常熬夜的人食用。此外由于红枣可以缓和药性，因此常添加于中药之中。

16.银耳

又称雪耳，主要成分为10%植物性胶质蛋白质、70%的矿物质，钙含量最高，有防止出血、维持肌肤水分、避免产生皱纹及促进激素分泌的作用，更是低热量食品，适合正在减肥的人食用。

认识各色养生米

1. 发芽米

糙米经超音波强力洗净去除表面杂质及灭菌，以温水进行18~22小时的发芽处理，提升营养成分达到高峰点后，停止发芽程序，再经低温干燥后制成发芽糙米。含丰富的氨基丁酸、IP－6、食物纤维以及B族维生素，能充分提供每日营养所需。

2. 小米

即粟米粒的俗称。为一年生禾本科粟属植物，较一般杂粮作物耐旱、抗病虫害、耐贮藏、生育期短，是传统的农作物，其风味特殊，营养丰富，含蛋白质、纤维素、脂肪及维生素等。

3. 大米

将糙米碾去米糠层及胚芽，所剩下的胚乳就是大米，因为没有硬硬的外壳，所以大米吃起来比较甜而软，仔细观察大米都会缺少一角，其实缺少的部分就是种子的胚芽。米粒的胚芽虽富含营养，但脂肪含量高，容易发霉变质，因此农民或米商为了米粒口感及保存长久，就将米糠及胚芽碾去，留下大米。

4. 野米

野米外壳未经打磨，因此保留着丰富的营养素与纤维素。野米含丰富蛋白质、纤维素、矿物质等，营养价值极高，但能量只有糙米的一半。

5. 红米

红米是糙米的一种，不同于一般淡黄色的糙米，是因红米留有较多未被碾去的表皮，因此色泽较深，保存的营养也较多，但口感略显粗糙。含有丰富的蛋白质、纤维素、矿物质及B族维生素，其中纤维含量更为大米两倍，红米所含的水溶性纤维，可降低胆固醇。

6. 糙米

田间收获的稻谷，经加工脱去谷壳后就是糙米。日本称为玄米，给予适量的水温以发芽，即为发芽米。就米饭的营养而言，糙米保存了最完整的稻米营养，糙米的蛋白质、脂质、纤维及维生素B_1等含量均比大米高。

7. 黑米

黑米又称紫米，外表黑黑的颜色，主要是因为米粒外部的皮层含有花青素，具有抗衰老作用。富含蛋白质、氨基酸、维生素B_1、维生素B_2、铁与特有的黑色素，具有滋阴、补肾、健脾暖胃、明目活血等功用。黑米不易煮烂，因此煮前应先浸泡。

杂粮饭好吃秘诀

避免使用有破损或虫洞、斑痕的谷类杂粮

破裂受损的谷类在洗净的过程中可能会完全断裂，炊煮过后口感容易太黏，影响煮好后的风味；而虫咬过的豆类也会让饭吃起来口感不佳。开封过的杂粮要密封，放在冰箱冷藏中才会保持新鲜。

煮饭前需先浸泡

煮杂粮饭可别因为觉得麻烦或想省时就忽略了“浸泡”这个重要的步骤，将未经浸泡的杂粮直接放入电锅中煮，不仅所需的水量较多，而且煮熟所需要的时间更长，虽不至于煮不熟，但口感会比浸泡后再煮来得差，想吃美味的杂粮饭，务必事先浸泡就对了。一般来说，各种五谷杂粮所需的浸泡时间皆有所不同，豆类约5~6小时，冬天甚至需要约8小时，而糙米、胚芽米等谷类，则约需要3小时；麦片、大米等则不需浸泡，就能将芯煮透，书中食谱做法皆有详细的浸泡时间。

掌握杂粮和水的比例，杂粮饭就好吃

一般来说，浸泡过的杂粮和水大多是以1:1的比例下锅煮，但也可依个人喜好的口感作调整，如果喜欢粒粒分明的口感，以1:1的比例烹煮即可；若是喜欢较湿润、软滑的口感，则可以用1:1.2~1.3的比例烹煮（即1杯五谷杂粮:1.2~1.3杯水）。若用电锅煮，水量需稍多些1.1~1.2倍。

电锅开关跳起后再焖5~10分钟口感更佳

煮杂粮饭时，在电锅开关跳起后，千万不要立刻将锅盖打开，要等到蒸汽孔冒出的蒸汽变少，再打开锅盖以饭匙均匀搅拌米饭，让被焖在中间的米饭也能散发多余的水气，而表面的米饭不会因未散失过多的水分而干硬。

认识20种天然补益食材

饮食日益精致化的结果，就是导致营养严重缺失的元凶，而人们在饮食习惯与营养摄取上的偏差，部分原因是没有时间好好为自己想想该如何从正常的饮食中补充元气，因此，上班族面色暗黄连补妆都藏不住，连续加班之后更像一朵即将凋谢的花，没精神又没活力，严重影响工作效率。虽然，没有一种食物含有人体所需要的所有营养素，但我们精选了20种在超市就可以买到的方便食材，再搭配其他常见食材，设计成简单又营养的补益食谱，让你迅速恢复活力。

深海鱼

深海鱼的肉质细致，一般鱼刺也较少，本来就很受烹调者喜爱。再加上富含不饱和脂肪酸、蛋清质及DHA，不仅可将血液中过多的胆固醇带走，经常食用还能提升自体的免疫力，因此广受欢迎。

南瓜

南瓜本身味甜，是瓜类中营养价值较高的，富含大量果胶，在肠道内会形成一种胶状物质，调节胃内食物的吸收率，使碳水化合物吸收减慢，增进胃内食物排空，肠胃不好的人经常食用有很大帮助，而钾和锌及微量元素钴等，可以强身。

菠菜

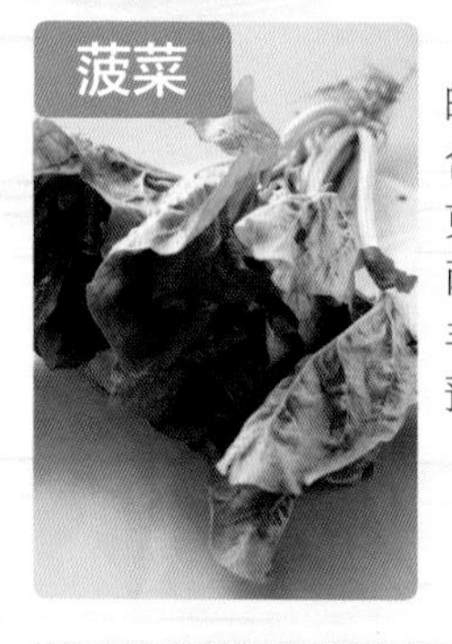

菠菜有“蔬菜之王”的雅称。菠菜中蛋白质的含量可与牛奶媲美，500克菠菜中含蛋白质相当于两个鸡蛋的含量。它含有丰富的铁，女性多吃可以预防贫血，让脸色红润。

西蓝花

西蓝花含有丰富的胡萝卜素、B族维生素、维生素C、蛋白质及硒、钙等成分，钙质含量不亚于牛奶，且维生素C含量特别的高，可提升身体的免疫力；B族维生素可维持神经系统的健康，都是上班族最缺乏的营养素。

山药

山药俗名山药，主要食用部位为地下块茎，富含多种必需氨基酸、蛋白质以及淀粉，另具黏液质、纤维素、脂肪、维生素A、维生素B_1、维生素B_2、维生素C及钙、磷、铁、碘等矿物质，可提供人体多种营养。山药对女性有养颜美容的功效。

菇蕈类

菇蕈类，均属于低脂、高纤又富含蛋白质的食物，可促进肠胃蠕动、减少便秘的发生，另外富含有特殊的多醣体，可帮助调节免疫功能。菇蕈类中的核酸类物质，可抑制血清和肝脏中胆固醇的增加，亦可在体内蛋白质合成中抑制色素沉着。

糙米类

田间收获的稻谷，经加工脱去谷壳后就是糙米，糙米的周围还覆盖着一层茶色的种皮，在种皮与胚芽中含有多种营养，尤其是含有丰富的B族维生素。一杯糙米至少可提供20%镁与硒的每日建议摄取量。还富含纤维素及抗氧化物质。

黑糖

食用黑糖，最好是煮成黑糖水，既可消毒，又可沉淀出杂质，且注意，一次食用量不可过多，否则会影响食欲与消化。黑糖对女性来说有缓解疼痛和行血、活血的功用，所以产期妇女，喝黑糖水，可供给热量和补血，让你气色佳。

芦笋

绿芦笋富含纤维、维生素A、维生素C和铁质，可促进肠胃蠕动，帮助消化，很适合长期便秘的人，只是要提醒有痛风病症者需少量食用。

秋葵

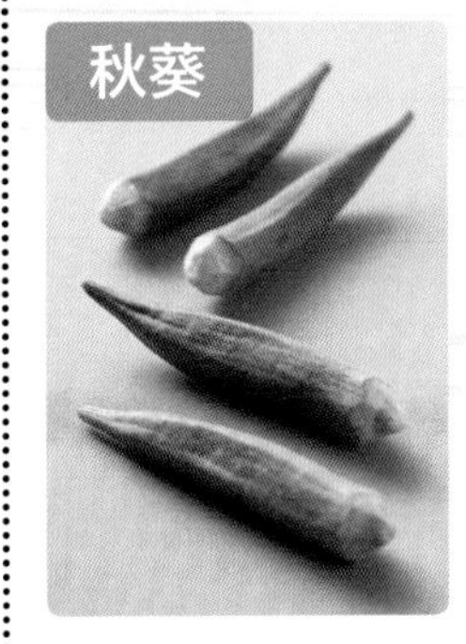

秋葵，它含有丰富的纤维及维生素A、维生素C，黏液中的成分有果胶、蛋白多醣体等，可以增强体力、整肠健胃、帮助消化、稳定排泄系统，让你活力满满。

黑芝麻

黑芝麻中的脂肪为不饱和脂肪，能补脑、增强记忆力，还可防止头发过早变白、脱落及美容润肤。对于保持或恢复青春活力是非常重要的食材，另外，芝麻含抗氧化元素硒，有增强细胞免疫、抑制有害物质的功能，多食有延年益寿之效。

银耳

银耳的形状像人的耳朵，色白似雪如银，又称雪耳。银耳含植物胶质、蛋白质、氨基酸、多糖和B族维生素等成分，能滋阴润肺而不伤胃肠，健胃整肠又不刺激，可以明显改善上班族长期用脑过度造成的神经衰弱。

石莲花

石莲花虽然口味微酸，但却是纯碱性食品，对于现代人来说，确实是平衡身体酸碱值的最佳食材。因其富含膳食纤维、维生素、叶酸、烟碱酸、β-胡萝卜素及其他微量元素，让健康可以很容易获得。

胡萝卜

新鲜的胡萝卜汁含有丰富的钙、磷、有机碱元素，可治疗皮肤干燥症，虽然如此，但也不能拿它当开水喝，因为胡萝卜素过量会囤积在皮肤，显出"黄疸"似的肤色。

洋葱

洋葱含维生素C、B族维生素、蛋白质、胡萝卜素等，虽然味道有些辛辣，但可以让皮肤变美，又可以补充体力。

薏仁

薏仁对于有青春痘、痘疮者是一种常用美容圣品，当然，令人最熟知的就是抗癌、抗老化的作用，还能让皮肤自然美白。由于它营养价值高，可以替代煮成粥饭或各式糕点，不过要特别提醒孕妇或有习惯性流产者不宜单食薏仁。

莲藕

莲藕含维生素C及丰富铁等，对人体有综合性的功能，尤其对消除神经疲劳，调节自律神经失调、失眠都有帮助，好的睡眠质量才是第二天精神活力的来源。

竹笋

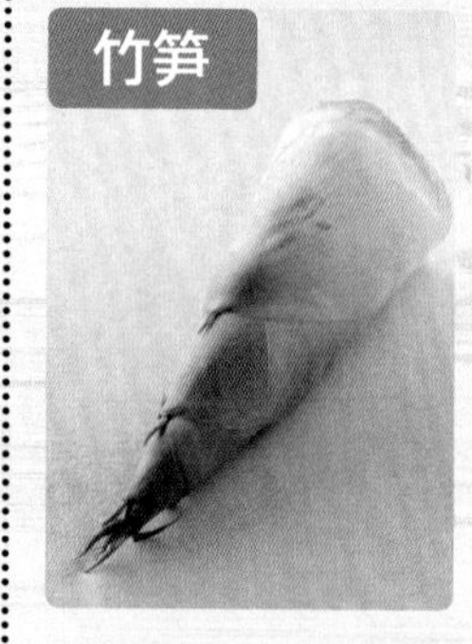

竹笋富含纤维素、蛋白质、碳水化合物、氨基酸、B族维生素、维生素C和草酸等。竹笋具有高蛋白、低脂肪、低淀粉、多纤维的特点，食用可减少体内脂肪蓄积，帮助消化和排泄。

苦瓜

苦瓜其食用部位为果肉，果肉含丰富的B族维生素、维生素C及苦瓜素等，火气大的人可以多吃点苦瓜可降火气，恢复身体健康。选购要诀：颜色愈深，果粒愈密，苦味愈浓；白苦瓜宜选瓜面洁白，绿苦瓜宜选不过熟的绿色。

鸡蛋

鸡蛋从以前就是很补的食材，在早期生活还很艰苦的时候，还有产妇利用鸡蛋料理来坐月子。为何鸡蛋可以拿来当补身的食材，原因是其丰富的蛋白质及多种矿物质和维生素等，且人体的吸收率高达99%。